年轻就要不断精进

张永芳◎编著

中国纺织出版社有限公司

内 容 提 要

古人云："逆水行舟，不进则退。"学习和创新无论何时都是让自己处于优势地位的长久之道。现今社会更是一个信息高速发展的时代，稍有松懈就会被人迎头赶上甚至抛在身后。作为年轻人，唯有不断充实自己，努力做到更好，保持精进态势，才能始终站在时代的前沿。

本书是一本温情励志读物，它从突破的角度出发，告诉那些正值青春的年轻人，在瞬息万变的现代社会，一定要认识到突破和进取的重要性，只有继续努力，再接再厉，继续朝着人生最美好的目标前进，才能成就辉煌的人生。

图书在版编目（CIP）数据

年轻就要不断精进 / 张永芳编著. --北京：中国纺织出版社有限公司，2022.12

ISBN 978-7-5180-9132-4

Ⅰ. ①年… Ⅱ. ①张… Ⅲ. ①成功心理—青年读物 Ⅳ. ①B848.4-49

中国版本图书馆CIP数据核字（2021）第223828号

责任编辑：刘桐妍　　责任校对：高　涵　　责任印制：储志伟

中国纺织出版社有限公司出版发行

地址：北京市朝阳区百子湾东里A407号楼　邮政编码：100124

销售电话：010—67004422　传真：010—87155801

http://www.c-textilep.com

中国纺织出版社天猫旗舰店

官方微博http://weibo.com/2119887771

三河市延风印装有限公司印刷　各地新华书店经销

2022年12月第1版第1次印刷

开本：880×1230　1/32　印张：7

字数：116千字　定价：39.80元

前言

生活中的年轻人，你是否有这样的体验：你已经毕业几年，且已经在自己的岗位上小有成就，拿着不错的薪水，新来的年轻人常常对你投来羡慕的目光；你已经在父母的帮助下组建了小家，然后生儿育女，一切看起来和谐又美好。然而，有一天，你被同学叫去参加聚会，在聚会上，你吃惊地发现，才几年时间，大家的状态有着明显的差异：学生时代某个成绩中下游的同学如今已经成为一名博士；毕业时一贫如洗的同学竟然蜕变成腰缠万贯的老板；以前班上最胆小的女生也成了名企的高管……此时，你是否感到有些落寞，甚至感叹，为什么大家变化这么大？其实，不只是你的同学在变化，一切都在变化，大家都在努力拼搏，而你原地踏步，甘于人后了……

现代社会日新月异、瞬息万变，知识更新换代的速度越来越快，稍有迟滞，我们就可能被甩在人后。现在的你可能在他人看来小有成就，但随着时间的流逝，当大家都在进取的同时，你却停滞不前，你就落后了，如果你依然不奋起直追，你只能碌碌无为地过一生了。

可见，年轻就要精进，就要不断奋斗、不断挑战自己，才能不落于人后，然而，大部分年轻人总是守着自己的一亩三分地，为生活琐事而奔波，将精力耗费在如何精打细算过日子上，他们看似忙碌，却很少有成效，他们做事拖延、胆小、缺乏勇气、吃不了苦、目光短浅等。这样的人最终只能庸庸碌碌过一辈子。

有人说，为青春洒热血和拼搏的人生才是鲜活的，任何一个人，失去了前进的目标，就失去了灵魂，他们甚至突然感到活得毫无意义，不知道自己身在何处、无法安宁。也许你告诉自己，我已经很优秀了，无须努力就已经赶超了很多人，但你未曾想到的是，这个世界比自己优秀的人太多了，若不努力，就会被淘汰，永远在追赶前面的人，才能永远在走上坡路。

当然，精进不是说要挂在嘴边的，而是需要你真正地为未来的幸福生活做打算，从现在起就付诸行动。那么，我们该如何奋斗和努力呢？这就是本书编写的初衷。

本书是一本劝慰年轻人不断精进的温情读物，阅读本书，你会发现，它犹如一位语重心长的老者向我们娓娓道来自己的故事，故事中有自己的成功的经历和心灵感悟，文字隽永深刻，希望年轻的读者朋友们能通过此书领悟青春的真正含义，然后努力实现自己的美好人生！

编著者

2021年7月

目录

第 01 章

初入世俗，你有什么理由不努力

闯荡社会，你有这些能力吗

年轻人正经历着人生中最美好的时光，刚刚褪去青涩的外衣，对社会充满新鲜感，拥有旺盛的求知欲。可社会到底是什么样子？我们即将遇到怎样的机遇与挑战？同事和老板的心思我们又能读懂几分？遇到棘手的问题，我们怎样处理才能显得成熟老练？闯荡社会都需要哪些必备的能力？

其实对于年轻人来讲，闯荡社会并不是一件难事，但是在进入社会之前，我们必须对我们面前的社会有个大致的了解，只有这样,我们才能在进入社会时具备一定的竞争实力。马上要步入社会的年轻人已经过了在学校里憧憬未来的年纪，我们应该对自己的未来有个现实的规划。这样，我们才能知道自己在哪些方面还有不足之处。

在社会中求生存是对我们的智商、情商、德商、胆商、财商等多方面的考验。除了在学校学到的一些能力外，我们在社会实践中还需要拥有哪些能力呢？

1. 要有能从大局上进行规划的能力

上学期间，我们的所有课程都是老师给我们安排好的，我们只需要按点去上课即可。当年轻人进入社会后，你的学习生活都是由自己全权负责安排，是想继续深造，还是想到社会中去摸爬滚打；是想在一个看不到成效的工作岗位上继续努力，还是想跳槽到一个适合自己的工作环境。其中的利弊关系、前后顺序，都要由自己掌握，要学会从全局的角度规划自己的未来。

小王和小李是高中时代的好朋友，他们在同一年考取了同一所大学，但他们的命运却大相径庭。小王学的是机械专业，本科毕业以后，他觉得工作不好找，于是决定考研，研究生毕业以后他并没有待在机械领域，反而去了一家公司担任管理工作。虽然他对机械业务很熟练，但因为他缺少管理经验，几年下来，他还是没有升职，薪水也仅仅维持在4000元左右。他谈女朋友也有一定的支出，在北京租一间房子花费也不少。一个月下来，工资基本上没有结余，到现在还没有办法买房结婚。三十多岁还在为基本的物质生活奔波，他觉得自己是一个典型的生活失败者，其实他最大的败笔，就是没有规划好自己的职业生涯。

而他的朋友小李，大学本科毕业以后，立刻找到一个职业规划师帮他规划自己的人生。他学的是酒店管理，酒店管理不需要很高的文凭，规划师建议他先找一家大酒店实习，一边实践自己学到的知识，一边攒一点钱，四年后到瑞士去学习酒店管理，学成后再利用自己学到的先进经验管理酒店。他听了规划师的话，从国外深造回来后，待遇的确不一样，国内的很多大酒店纷纷为他开出了优厚的待遇，他的日子过得轻松又闲适。

虽然他们都不能说有多大的成就，而且年轻的时候他们还站在同样的起点上，但在而立之年，一个人还在为温饱操劳，一个人已经开始逐渐实现自己的理想了。这不能不说是一个巨大的差距。这个差距，恰恰是职业的规划所带来的。所以说，如果不能仔细地规划好我们的职业，那么，我们的人生就会出现偏差。

2. 要有会说话、会办事、会做人的能力

年轻人要知道在进入社会后说话、办事、做人在一定程度上决定了你今后的发展。要想处理好各种人事关系，就要明白社会和校园、家庭是不一样的。在家庭中，父母通常以儿女为中心，而到了社会上，大家都会有各自的利益，难免有利益相斥的时候，遇到这样的事我们应该怎样处理呢？社会更注重和别人合作的能力，在校园我们通常各自完成作业，即使有合作，也是不涉及利益关系的。因此，友谊比较单纯。但走入社会，人们需要更广泛、更深入的合作，如果我们和别人的合作、竞争关系搞不好，为人处世失去了必要的分寸，把握不好相处的尺度，就极容易陷入人际纷扰。

俗话说："饭可以乱吃，话不能乱讲。"年轻人在说话之前要考虑到自己的立场、自己的地位、自己的听众、说话的场合、说话的方式等一系列问题后，才能开口说话。也就是要占到天时地利，人才能和。会办事的人懂得分清事情的轻重缓急，办事前先掂量好自己的身份、立场；办事时把握好火候、尺度；同时，弄清楚并遵守一些办事过程中所涉及的规则。那么，我们办事的技巧就会日臻成熟。在步入社会后，年轻人还要能够坚守好自己做人的原则，把自己修炼成一个能屈能伸、大智若愚、内方外圆的人。达到这样一种境界，不但可以保护好自己，还能实现在复杂的社会环境中修身养性，成为一个受人尊敬的人。

闯荡社会，离不开说话、办事。社会总是垂青那些善于说话、巧于办事的人。巧说话、会办事、会做人，才能在社会上立足，甚至无往而不胜。

3. 要有能合理支配自己财务的能力

在学校除了学习财务专业的同学外，大部分年轻人没有接触过理财知识，更谈不上有理财的能力。但是在这个经济主宰一切的时代，只要掌握了理财的能力，就掌握了自己一半的命运，否则我们就会在社会越来越进步时，变得越来越贫穷。其实很多年轻人现在已经意识到理财的重要性，因为它是你保持正常人际交往非常重要的一项保障。所以，如果你还认为单纯地靠知识就能实现自己的梦想的话，那么，希望你能转变这种思维方式，看看这个时刻都在进步的社会。

想要在社会拥有一席之地的年轻人，除了从书本上学到的知识外，你还要抓紧时间去学习那些你没有的能力。让自己的能力越来越强，你才能游刃有余地在社会中行走。年轻人，闯荡社会，你准备好了吗？

始终积极面对生活，生活才能够如你所愿

年轻人在日常的生活中不难发现，当你心情好的时候，你就会有一个积极面对生活的心态，那么，你所感受到的环境都是美好的，你所做的每一件事情都感觉得心应手；当你心情不好的时候，你对什么事情都提不起精神，你周围的环境也因此变得灰暗，在做事情的时候也会觉得每件都不顺利。所以，我们会发现，保持积极的心态，能让你的生活更加顺利。

罗曼·W.皮尔最早提出了“态度决定一切”的说法。在工作、生活中也是如此，你的生活态度决定了你的生活质量。如果你总是以悲观、消极的态度对待你的工作，得过且过，你的工作就不能够做得出色、漂亮。同样，如果你在生活中消极敷衍，你也会感到生活很无聊。只有你认认真真地过好自己的每一天，你才能够感觉到充实的喜悦，感觉到重生的幸福。且不说结果如何，你每一天的生活都会变得充实而快乐，当然这种充实肯定会给你带来能力的提高，而更好的能力、更积极的态度，则是一个人迈向成功的重要一步。

年轻人对待工作、生活要有高的志向、高的要求。只有这样，你才会有向目标前进的积极心态，才能把你的人生带到一个新的高度。因此，我们要以更积极的态度对待你的生活和工作，以更大的热情和激情来面对生活，生活才能够如你所愿。

林嘉在几年前一直过着颓靡的生活。她一天的行程就是早

上10点钟起床，然后匆匆忙忙地去公司工作6个小时，中间一顿饭都不吃，下午5点钟，开始吃这一天的第一顿饭，然后约不同的人出去娱乐，玩到凌晨再回家。她每天只吃一餐，上班的大多数时间都顶着两只“熊猫眼”，因为工作很普通也很简单，她甚至可以在工作中偷偷地睡上半个小时。

她最常说的一句话就是“人生苦短，及时行乐”。她最崇拜李白，学李白“酒仙”一样地生活着，直到她得了很严重的胃病。那场胃病最终改变了她的人生。病好了以后，她像换了一个人似的，对生活变得非常积极。她每天清晨总是定时起床，定时进行体育锻炼。一段时间以后，潜藏在她体内的巨大能量复苏了。本来普通的工作，却因为她的用心，慢慢地有了起色。原本以为没有多大发展前途的工作，却因为她的努力做得非常好。于是她被调到了新的部门，渐渐地升职。如今，她已经有了一个非常幸福的家庭。她总说是那场大病改变了她，让她意识到“人生苦短，如果再以消极的态度对待，那就会变得更加短暂和没有价值”。

林嘉的状态在年轻人里是普遍存在的，大家都觉得自己还年轻，在年轻的时候就应该挥霍时间和青春，让日子过得丰富多彩一点。青春一晃而过，趁年轻多玩玩，多见识见识，多体验不同的生活固然没错，但是若把生活的重心从事业移到玩乐上，那就是对自己的不负责任。尽管人生的长度是无法改变的，但是人生的深度和丰富程度却是可以自己控制的。我们生活在同一个社会中，有的人的生活可以妙趣横生，充满快乐和生机，有的人的生活却像白开水一样平淡无味，这之间的差距就来自人们对生活的不同态度。只要我们积极地对待生活，我们的生活就会变得更丰富、更有意义，我们就能体验到更丰富的人生。

每个人都会憧憬美好的生活，但是对于贫乏无味的人来说，生活就是一个日出接着一个日出，一个日落接着一个日落，日子过得没有什么明显的区别；而对于一个积极的人来说，生活的每一天和每一天都是不一样的，今天的太阳远比昨天的更灿烂。

地球在转动，生活在一天天丰富多彩，工作在一天天顺畅，每一天都是新鲜的，都是充满乐趣的，这些只有积极向上的眼睛才能看到，只有积极向上的心才能体会到。对于人间的美好，只有积极乐观的人才能够认识得更透彻，他们的日子才会过得更充实，更丰富多彩。日子对于他们来说，不是负担，而是享受。积极的心态还能够影响身边的人，使他们变得更乐观，也更容易和你结交，所以，积极的人会有更多的朋友、更和谐的人际关系，他们做起事情来会更顺畅，当然也更容易成功。只有积极的心态，才能够让我们更好地享受人生。

年轻人要习惯用积极的心态去看待生活，积极的人能够用自己积极的心态去改变周围的环境，改变事情的进展方式，如果天时、地利、人和，你就没有不成功的理由。如果我们每

意，连目前职位上的事情，都做得一塌糊涂，别人又怎么可能放心地把更重要的事情给你做，更重要的职位让你担任呢？你又怎么会获得更丰厚的薪水呢？所以，要想多挣钱，就要为公司多做贡献，要想多做贡献，就要在你的职位上收获更多的经验。这样，即使老板不给你加薪，你也有了跳槽的资本。

更有甚者，就因为与自己同时毕业的某位同学有一份比自己社会地位高、薪水丰厚的工作就频频跳槽。因为羡慕、嫉妒或者攀比心理，觉得自己不应该只拿这样低的报酬，而应该得到比同学更好的工作和薪水。所以等不及把工作岗位上的事情都做透，取得一定的经验，就另谋高就了。

年轻人要明白，每一次跳槽都要在新的岗位上适应一段时间，在人际关系上磨合一段时间，这段日子里也许你只顾磨合，什么成绩也做不出。所以，太频繁地跳槽，就等于空耗自己的内力。

一个人开始创业时，他的薪水甚至是负的，他可能扛着几百万元的负债，如果这时他选择退出，寻找高薪工作，那他的债务可能十年甚至更久才能还清。而如果他坚持创业，不断地获得有用的信息，坚持锻炼自己的能力，不断积累经验，那么不久机会就可能降临，也许一年就能够扭亏为盈，这时他所获得的就不仅仅是几千块钱的薪水，而是丰厚的利润了。

那么，年轻人在社会中打拼是要更看重挣钱，还是更看重获得经验呢？

1. 年轻人要把挣钱和挣经验当成是“鱼”和“渔”的选择

你的薪水就是所谓的“鱼”，而经验则是“渔”。如果你想要获得更多的鱼，就要掌握捕鱼的方法与技术。年轻人初入职场时，正是求“渔”的好时机，我们应该把目光放得长远一点。只要学会了“渔”，还怕将来没有“鱼”吗？在工作中，只有不断地寻找“捕鱼”的好方法，总结“渔猎”经验，才能够得到更多的“鱼”。在这个过程中，我们渐渐地独当一面，抛弃薪水的束缚，这才是最重要的。满眼都是“鱼”的人，往往看着“鱼”欢喜，而忘了学习“渔术”，所以“临渊羡鱼，不如退而结网”，获得经验才是最重要的。

2. 年轻人要认识到，收入只是工作的副产品

只要做好你该做的事，出色地完成你该完成的工作，理想的薪金必然会有。在选择工作之前，我们应该明白自己想要的是什么，是钱还是真正的成长，这样我们才能做出无悔的选择。对于我们来说，薪水固然重要，但比薪水更具价值的，是工作背后自身的成长。工作固然是为了生存，但比生存更重要的是实力的提升。年轻人经常抱怨自己的工资太低、奖金太少却以玩世不恭的态度对待工作，或者消极怠工，或者频繁跳槽，甚至怨天尤人，工作做得一塌糊涂，表现乏善可陈，事业升迁更是遥遥无期，在这种情况下还埋怨自己怀才不遇，这是令人感到可笑的。

事实上，如果我们不把自己的眼光盯在薪水上，而是注重学习、成长的机会、职业经验的积累、为人处世的磨炼等，我们就会取得更长足的进步，薪水也就源源而来了。

我们要意识到，目前的工作可能不是我们想要的，但如果不把这份工作做好，那么这份工作我们将有可能从事一辈子。薪水并不是我们从工作中所能获得的全部，而只是其中的一小部分。如果我们只能看到工作带给我们的薪水，那我们就只能成为一个为薪水而工作的打工者。只要自己的能力提升了，何愁薪水不涨？薪水是有限的，能力的提升却是无限的。

3. 年轻人在做事时要注重于你的目标，注重于你希望解决的问题

抛开急功近利的想法，不要盲目地为追求高薪或其他的眼前利益而心浮气躁。心浮气躁对于眼前的工作最不利，我们要安下心来，踏实地做好工作中的每一件事，并适时地盘算自己的未来，才可能不断地成长。

我们到底是希望得到金钱，还是更有前途的事业？任何一个希望有作为的年轻人，都会做出正确的回答，那就是更有前途的事业。有时我们不过是因为眼前的繁华遮蔽了我们的视线，或者攀比的心理让我们的心动摇了。我们要做到心如磐石、清醒自觉，就要有宽广的眼界和坚定的信念。“不畏浮云遮望眼，只缘身在最高层。”我们要把自己的志向定得高一点、再高一点，我们才能看到得更多，我们的头脑才会更

清醒。

当你开始厌烦于眼前的工作的时候，你要清楚地知道自己现在更需要积累经验，这样就会让自己平静下来，心平气和、严肃认真地对待眼前的工作，也只有这样才会获得更有价值的人生。

端正对现实的态度，走向我们心中的远方

年轻的我们可以暂时屈服于现实之下，却不能对现实认命。对现实暂时低头，是因为我们在达到人生目标之前，一定会经历一些曲折的道路。而对现实认命则意味着你放弃了自己的梦想，放弃了人生的目标。所以，年轻的我们要学会勇敢地面对现实，端正我们对现实的态度，才能沿着正确的道路，走向我们心中的远方。

有太多的年轻人因为现实的生存问题，放弃了自己的梦想。虽然有时我们不得不学着向现实低头，但这并不意味着我们要放弃梦想。相反，我们正在通过一种特殊的方式慢慢地靠近梦想。有的人有理想，但现实中不存在实现理想的条件，而他又不肯向现实低头，最后只会抱怨世俗，甚至由于绝望而结束生命。

小曼在中学时写的作文特别好，经常被老师当作范文来讲

解，有时甚至复印上千份让全校同学学习。老师预言，她将是一个文学方面的天才。但是，她报考学校的时候只报考了一所技校，同学们都很怀疑她的选择。她只是说："我的文字水平不足以引起北京大学或清华大学教授们的注意，我的家庭也不允许我上任何一所大学，所以，生存第一位。"后来，她靠自己的技术在一家事业单位当了一名科长，工作很轻松。业余时间，她就充电上一些文学补习班，有时还会写一些稿子投给杂志社，过得非常舒心。

当现实与理想发生矛盾时，先向现实低头，但不认命，解决了生存问题之后，用自己的努力和智慧使自己回归到理想的道路上去，这是最好的处理方式，也是最适合现代年轻人的方式。年轻人在闯荡社会的初期，肯定会有现实因素的困扰。我们不能太理想主义，像巴尔扎克为了自己的文学之路，拒绝了父亲要求他做律师的要求和经济上的援助，他在经济上也困难了一阵子，但凭借着他的才华，最终还是成了文学大师。大多数人都有一定的理想，但是这个理想不一定能保证你的温饱，因为有极高天赋的人毕竟是少数。如果你对理想的实现没有绝对的把握，那不如来个缓兵之计，先向现实低头吧。只有保证了自己的温饱问题，完成了对原始资金及经验的积累，脚踏实地地努力，我们才能实现最终的目标。

谁说年轻人自己不可以改变自己的命运？但是改变我们命运的前提是要认清现实。暂时地对现实低头，就意味着我们可以用我们的智慧去战胜现实的束缚。这是那些成天浑浑噩噩的年轻人做不到的事情，也是我们走向成熟的一种表现。

年轻人只有现在认清现实，才能不被现实束缚，才不会错过自己应有的幸福。只有我们认清现实，勇敢地面对现实，才能够通过不断努力，改变自己的处境。如果年轻时我们在荒唐和浑浑噩噩中度过，我们就会少了很多进步的机会，也就少了很多竞争优势。想一想，当你人到中年时还和公司新进的小员工一起竞争的情形，那是多么尴尬、难堪，所以我们还是应该及早地认清现实，拼搏进步。

我们要清楚只有靠着不断地积累，才能够拥有更丰富的经验、更强的能力和更好的人生前景。但是，有很多年轻人还在理想和现实中徘徊，不知道是要坚持自己的理想道路，还是要向现实低头。其实，生存是最大的现实，也是最大的理想，离开了生存，一切都是空谈，所以，我们要学会向现实低头。认清现实，勇敢地面对现实，改变现实处境。人的一生很长，我们还有很多时间去实现理想，不用很着急，俗话说：“留得青山在，不怕没柴烧。”所以，生存是第一位。

年轻人要为了自己的前途考虑，认清现实，端正你对现实的看法，然后慢慢地改变自己的境遇。当现实条件具备了，我们实现理想的时候也就到了，属于我们的幸福也就不期而至了。

信心多一分，成功多十分

我们都知道，一个人能否做成、做好一件事，首先看他是否有一个好的心态，以及是否能认真、持续地坚持下去。信心大、心态好，办法才多。所以，信心多一分，成功多十分，投入才能收获，付出才能杰出。当然，成功卓越的人只有少数，失败平庸的人却很多。成功的人在遭受挫折和危机的时候，仍然顽强、乐观和充满自信，而失败者往往会退却，甚至是甘于退却。我们应该学会自信，成功的程度取决于信念的程度。

生活中的人们，有时候，你可能自信心不够，可能一件事情还没做，便去考虑失败后的结果，这样必然会导致内在潜能得不到充分的调动与发挥。要想改变这种情况，就必须时时表现出一种强者的风范，敢于面对困难与挫折，并始终怀着必胜的信念去克服、战胜困难，坚定不移地朝着成功的目标迈进。

1909年2月12日，也就是林肯一百周年诞辰的日子，洛克菲勒给他的儿子小约翰写了一封信，其中，他讲述了林肯的故事：

他出生时很卑微，是一个私生子，并且相貌丑陋，言谈举止都不招人喜欢。这些缺点都让敏感的林肯感到很自卑。后来，他决定靠自己的力量改掉这些缺点，于是，他拼命自修以克服早期的知识贫乏和孤陋寡闻。他学会了借助烛光、水光读书，尽管他的视力大不如前，但头脑的丰富让他开始充满了自信，最终他摆脱了自卑，并成为有杰出贡献的美国总统。

正如洛克菲勒所说：“除非你放弃，否则你就不会被打垮。”每个人都有历尽沧桑和饱受无情打击的时候，却很少有人能像林肯那样百折不挠。每次竞选失败过后，林肯都会激励自己：“这不过是滑了一跤而已，并不是死了爬不起来了。”这些语言是克服困难的力量，更是林肯终于享有盛名的利器。林肯的一生书写了一个伟大的真理：除非你放弃，否则你就不会被打垮。

可见，我们只有自己摒弃自卑，才会成为强者。我们也一定要记住：哪怕一无所有，也要永不止步，世界上没有一样东西可取代毅力，即便是才干也不可以。怀才不遇者比比皆是，一事无成的天才很普遍。世上充满了学无所用的人，只有毅力和决心才能让我们无往不利。

几年前，在马特峰的北峰下，有一个世界探险队，他们准备征服马特峰，在这之前，从未有人达到这一目标。登峰之前，记者对来自世界各地的探险者进行了采访。

一位记者问其中的一名探险者：“你打算登上马特峰的北峰吗？”他回答说：“我将尽力而为。”

记者问另一名探险者：“你打算登上马特峰的北峰吗？”这名探险者答道：“我会全力以赴。”

记者问了第三个探险者同样的问题。他说：“我将竭尽全力。”

最后，记者问一位青年："你打算登上马特峰的北峰吗？"这位青年坚定地告诉记者："我将要登上马特峰的北峰。"

后来，登上北峰的人只有一个，就是那位说"我将要"的青年。他想象自己到达了北峰，结果他的确做到了。

的确，信念上超前一些，行动就会领先一步，成功的概率也就越大一些。成功的秘诀就是，当你渴望成功的欲望就像你需要空气的愿望那样强烈的时候，你就会成功。

美国钢铁大王卡内基，少年时代从英格兰移民到美国，当时真是穷透了，正是"我一定要成为大富豪！"这样的信念，使他于19世纪末在钢铁行业大显身手，而后涉足铁路、石油，成为商界巨富。洛克菲勒·摩根也都是满怀欲望，并以欲望为原动力，成为资本主义初期美国经济的胜利者。

威尔逊也有句名言："要有自信，然后全力以赴！假如具有这种观念，任何事情十之八九都能成功。"的确，在现代社会，任何一个人，要想成就一番大业，只凭单枪匹马的拼杀是不够的，它更需要众多人的支持和合作。这种情况下，自信就显得尤为关键。一个人只有先相信自己，才能说服别人来相信你，如果连自己都不相信自己，那么这意味着你已失去在这个世界上最可依靠的力量。

我们追求成功的过程就像攀登高峰，在攀登的过程中，我们难免会感到疲倦，难免想放弃，但是，你始终要记住的是，再坚持一秒，你才有可能看到山顶的美景。总之，每一个人的内在都有无限的潜能，只要我们知道它在哪里，并坚信自己能够成功的信念，最终，我们就一定会成功。

你只需要努力，剩下的交给时间

我们都知道，任何事情的发展都是有规律的，人们的主观愿望与实际生活也总是有差距的。就像自然界的植物，它们的成长需要每天接受光合作用，需要接受甘露的灌溉，才能获得成果。其实，不仅是植物的成长，我们所做的每件事也是如此，都是有一定的规律的。

然而，我们发现，不少人在做事时总是急功近利，产生一种急躁心理，在他们内心里，希望事情能够赶快成功，于是，不自觉地，在其言行中就流露出焦躁的痕迹。其实，在很多时候，我们都忽视了一个做事的真理：切忌急功近利，只有稳住了心气，做事才能滴水不漏。因为在做事的过程中，一旦我们的心境失去了原有的平和，就一定会失去掌控局面的机会。

有的人在做事时总是慌慌张张，希望事情马上就能着手办理，或者马上就能获得一些利益，假如这件事一两天没有什么动静，他就沉不住气了，不断地催促，不断地埋怨，根本忘记了做事的忌讳。结果，越是急功近利，越是显得不耐烦，就越有可能由于内心的烦躁而影响整件事情的进展。急功近利并不是为人处世的正确态度，如果你总是这样的心态，那么有可能一事无成。相反，我们应该脚踏实地，一步一个脚印，这样才会赢得更多的时间和机会。

一位渴望成功的青年十分羡慕一位富翁的成就，于是，有一次他去拜访富翁，希望讨教一些成功之道。

富翁在了解了青年的来意后，并没有多说什么，而是从厨房拿来一个西瓜。青年很疑惑，只见富翁将西瓜切成了三份，大小不等。

稍后，富翁问："如果每块西瓜代表一定的利益，你会如何选择呢？"富翁一边说，一边把西瓜放在青年的面前。

"当然是最大的那块啦！"青年毫不犹豫地回答，眼睛盯着最大的那块。富翁笑了笑："那好，你请用吧！"富翁把最大的那块西瓜递给青年，自己却吃最小的那块。

当青年还在享用最大的那一块西瓜的时候，富翁已经吃完了最小的那一块。接着，富翁得意地拿起剩下的一块，还故意在青年面前晃了晃，大口地吃了起来。

其实，那块看起来最小的西瓜和剩下的那一块加起来比最大的那块要大得多。

青年瞬间明白了富翁的意思：富翁开始选择的西瓜虽没有自己的大，最后却比自己吃得多。如果每一块西瓜代表一定的利益，那么富翁赢得的利益自然比自己多。

富翁对青年语重心长地说："其实这就是我今天想跟你说

的话，做任何事，都要学会放弃和忍耐，而不是急功近利，不要一心想着一口吃成个大胖子，那是不可能的，脚踏实地才能获得长远的发展。”

在这里，富翁吃的每一块西瓜虽然不比青年吃的大，但加起来却比青年吃得多。如果每一块西瓜都代表了一定的利益，那么富翁得到的利益就比青年多。从这里我们不难看出，那些着眼于眼前利益的人，由于急功近利，最终反而会失去更多。过分急躁地追求眼前的利益，无异于杀鸡取卵，给自己的未来设置了障碍。只有学会忍耐，放下心中过多的欲望，才是最明智的选择。曾国藩说：“安分竭力，泊然如一无所求者，不过二年，则必为上官僚友所钦属也。”意思是说，只要你能安守本分，竭力做事，内心淡泊宁静，一无所求，不超过两年，就一定会受到其他人的敬佩和看重。

对于我们来说，遵循规律、脚踏实地才是稳妥之道。一个人太过于急功近利，会导致其心绪浮躁，于是，一些没有经过大脑仔细思考的言行就会不自觉地显现出来，而这将会影响到整件事情的进程。如果在做事的过程中，你能够克制自己浮躁的情绪，稳住心气，那么，整件事情就已经成功了一大半了。

其实，任何一种本领的获得、一个人生目标的达成都不是一蹴而就的，而是需要一个艰苦历练与奋斗的过程，正所谓“宝剑锋从磨砺出，梅花香自苦寒来”，任何急功近利的做法都是愚蠢的，做任何事情都要脚踏实地，一步一个脚印，才能逐步走向成功，一口是永远吃不成一个胖子的，急于求成只会适得其反，结果只能功亏一篑，落得一个揠苗助长的笑话。

总之，我们需要记住，无论做什么，太想成功的人，往往很难成功；太想达到目标的人，往往不容易达到目标；过于注意就是盲目，往往欲速则不达，凡事不可急于求成。以淡定的心态对之、处之、行之，以坚持恒久的姿态努力攀登、努力进取，成功的概率就会大幅增加。

第 02 章

谨记，前进的路上必须有目标的加持

设定你的人生目标，让心更有方向

年轻人要想把握住自己的命运，就要提早看清现实，打破阻碍自己“好命”的白日梦，为自己设定适合自己的生活目标。许多年轻人，尤其是那些对未来没有什么远大志向的人，都做着一朝突然成功的美梦：或者突然有一天被星探发现，成为明星，从此名誉、地位双丰收；或者突然有一天，自己好运滚滚而来，获得升职、加薪；或者别人发现了自己的某项优点，立刻提拔自己到了好的位置，凡此种种，数不胜数。

年轻的我们不能动不动就抱怨老天不公平。其实，命运掌握在我们自己手中，要想拥有梦想中的好命，就必须先把这些白日梦打破。要知道一个人的成功和好命靠的是平日的积累，而绝不是偶然的机会或者平白的幻想。我们只有平时做好准备，为自己的人生设定一个个小的目标，并为之努力，才有可能遇到机会。

有着明星梦的你要知道，并不是所有的人都有林青霞遇到星探的幸运，大多数明星都是艺校毕业，然后渐渐步入影坛的。所有走向上流社会的年轻人也都是通过他们的努力和事前不断的准备而成功的，并不是像电视剧里演的，有一个好爸爸、好家庭。不努力而妄想有好的结局，是不可能的。每个人的好命都是自己管理人生、经营人生的结果，而不是“一朝闻名天下知”的命运巧合。即使有巧合，概率也是非常低的，更不用说有这样的巧合背后，我们必须付出的努力。

老天只助自助者，每个人的成功都只遵循一个模式，那就是不断地积累，不断地提高自己，使自己在社会上处于更高的阶层。并不是找到一份好工作或者一个好老公就能够升上一个阶层，就万事大吉了。如果没有我们平日对自己的严格要求，没有不断地进步，不懂得给自己的人生设定目标，这些基本上就属于白日做梦了。

我们只有认清现实，接受现实，继而明确我们最终的目标，让自己更加努力，更加成熟，才能获得最后的成功。

那么，年轻人要如何设定自己的人生目标呢？

1. 在生活中，将你认为最有价值的五件事以优先顺序罗列出来

每一位成功的人都知道自己的信念和价值是什么，并且你要时常问问自己：我的生命价值是什么，以此来确定你的外在生活与内在生活的一致性。

2. 在30秒之内写下你生活中最重要的三个目标

这是你的潜意识认为的最重要的三个问题，这是一个具有启发性的问题，你应该不断地问自己，而且你会发现，这三个问题往往有一定的内在联系，认清它们发展的前后顺序，你才能有条理地实现你的人生目标。

3. 假设自己的时间是有限的

如果有人告诉你，你的生命只有半年，那么，你将如何过好这半年的时间呢？其实这个假设是看你的基本价值，它能让你看到你的人生价值在哪里，最重要的是你现在的生活和你仅剩半年的生活是否一致。记住，你永远不知道自己何时离开这个世界，所以，把现在的每一天都当成那半年的时间来过吧。

4. 你生活中的哪些活动，让你感觉到重要，并且能让你快乐

这些活动就是你能有杰出贡献的领域，因为只有在你感觉重要并快乐的工作上，你才会有最杰出的表现。

5. 不败的你的最大梦想

在假定自己不会失败的情况下，你最大的梦想是什么？这就是你内心最想达到的目标，也是你最想得到的。

年轻人要学会给自己的生活设定目标，不要总让自己漂浮在不现实中，那样的结果只能是惨痛的。我们要保持清醒，为自己渴望达到的目标设下一个个小的目标。当你将每个小目标都完成得很出色的时候，你的最终目标就一定有实现的可能。年轻人要对自己充满自信，要付出全部的努力，去实现自己的梦想，这才是活着的真正价值。

制订计划，按计划行动才能有据可依

前面我们已经阐述过目标对于行动的重要性，而将目标细分则是计划，只有目标而没有切实可行的计划，就会导致我们的目标成为空想，最终落空。这样一来，不但我们绞尽脑汁确立的目标化为泡影，而且我们的人生也会受到影响。要想让目标实现，要想让人生充实，我们就必须制订人生计划，而且计划还要详细可行，从而督促我们一步一步、踏踏实实地实现计划，进而使人生也变得圆满。

也许有些人会说，现代社会人人生存压力都很大，还要承受工作上的各种挑战，而且生活节奏很快，根本无暇制订计划。尤其是对于千头万绪的生活，以及堆积如山的工作，更是难以分清楚轻重缓急。这的确是实情，但是恰恰因为这个实情，我们反而更要抽出时间来制订计划。要知道，没有计划地忙碌是瞎忙，也许反而会导致事与愿违。只有用心地规划好人生，秩序井然、按部就班地生活，我们才能更加条理清楚，冲破人生的迷雾。要知道，人生之中的很多事情紧急程度都不同，假如我们能够捋清思路，按照统筹的方法安排生活、规划人生，必然事半功倍。计划有很多种，大到人生的规划，小到一天甚至只是半天的计划，都是可以制订出来并且实施的。现实告诉我们，对于那些善于制订计划并且能够严格按照计划安排生活的人，他们的人生是高效的。反之，对于那些浑浑噩噩、当一天和尚撞一天钟、懵懂度日的人，人生是低效率的，他们甚至会浪费很多宝贵的时间。正是基于这一点，我们才要制订详细可行的各种计划，从而帮助自己合理安排时间，充实度过人生。

当然，就像只有目标没有计划是远远不够的，只有计划也依然距离成功还很遥远。在制订计划之后，我们接下来要做的就是严格执行计划，让自己的人生井然有序。正如人们常说的，“有志者立长志，无志者常立志”。能够严格执行计划的人，每次制订计划都能维持很长的时间。但是不能执行计划的人，时不时地就要制订计划，每次却又轻易推翻自己的计划，导致不得不再次制订计划。且不说数次制订计划需要浪费多少时间，当我们总是轻易推翻自己的计划，那么渐渐地制订计划就会变成一种形式，甚至等不到执行就会被推翻，这样一来制订计划也就失去了意义。

现在，我们可以肯定的是制订计划对于我们的学习、工作和生活都有着很大的好处。它不但能够帮助我们规划生活，而且会帮助我们节约时间，使我们的人生变得秩序井然。那么，如何才能制订行之有效的计划呢?

首先，在制订人生计划的时候，我们要牢记人生目标，这样才能始终保持目标，决不偏离。

其次，在制订小的人生计划时，诸如制订一段时间内的工作计划，我们必须对工作的量有个总体把握，这样才能在有限的时间里实现合理安排工作，做到劳逸结合。

最后，需要注意工作计划与工作日程是不同的。工作日程更像是一天的时间安排，但是计划则是有思考地对工作进行长期规划。

在日常工作中，如果不做计划、不按章办事，轻则让事情杂乱无章、没有眉目，重则会让自己无意中犯下重大的错误。

没有一个人会不犯错误，尤其当一个人凭感觉做事的时候。每一个企业的规章制度，每一个行业建立的流程，绝对都有它的合理性，是经过前人千锤百炼才总结出来的管理理论，是经过无数次的整合和实践才总结出来的行之有效的方法。

就拿简简单单的流水线作业来说，20世纪初，在福特汽车厂内，专业化分工非常细，仅一个生产单元的工序就多达7882种。福特通过反复实验，确定了一条装配线上所需的工人数目，以及每道工序之间的距离。这些全是通过最精确的数字计算和反复实践的结果，不要看不起这些，打乱一个小细节，整条流水线就会瘫痪。

做事情如果随心所欲，在平时可能仅是有点忙碌、手足无措。可一旦到了真正需要相互配合、严丝合缝的协调工作的时候，这种杂乱无章的状态就会带来很大的乱子。所以，再忙也要有章有序，从现在开始，分析造成混乱的原因，通过科学的方法来调整混乱的状态，从而有效率地工作吧！

总而言之，制订计划是相对容易的，要想让计划起到预期的效果，最重要的是在制订计划之后坚持实施。再好的想法或者规划，如果不能落实到实际行动上，就会变成毫无意义的空谈。反之，即使我们的计划不够完美，但是只要我们能够坚持不懈地按照计划去做，那么日久天长，也必然卓有成效。

要想成功，首先就得明确目标

目标在追求梦想过程中的重要性早已毋庸置疑，一个人要想成功，首先就得明确目标，有了目标，才有前进的方向，才不至于在前进的路途中迷失了方向。明确了目标之后，还需要朝着这个方向不断地努力，不管追寻的路途中有什么样的困难和挫折在等着我们，都需要学会忍耐和坚持，因为忍耐是一种对胜利的执着。生活中，人们听到“逆境”“挫折”这样的词总是紧皱眉头。在他们看来，逆境意味着绝路，自己再也没有翻身的那一天了。但事情往往并不是这样，多少成大事者都是从逆境风雨中走了过来，从而获得了巨大的成功。

也许，你会问，同样是逆境，怎么会出现这样大的差别呢？那是因为，在逆境风雨中，那些坚持下来的人，他们有明确的目标，更懂得在追求目标的过程中忍耐，于是，他们往往会收获一份意想不到的礼物：或是乐观的心态，或是顽强的斗志，或是困难中的机遇。正是忍耐过程中所获得的经验与教训，铸就了他们最后的成功。在追求目标的过程中，我们总是会遇到各种各样的挫折与困难，也许我们并不欢迎逆境、磨难的到来，但是，当它们与我们不期而遇的时候，请不要调转回头。它们就好似一个魔鬼，一旦看上你，就会对你穷追猛打、不舍不弃。那些躲避甚至逃跑的人，只会被它欺负得更加悲惨。只有勇敢面对逆境的人，才能最终打败它。

任何一个人在追寻目标的过程中，都将注定经历不同的苦难、荆棘，那些被困难、挫折击倒的人，他们必须忍受生活的平庸；而那些战胜苦难、挫折的人，他们能够突出重围，赢得成功。对于生活中的我们来说，需要明确自己的目标，而且朝着目标前进，在追寻目标的过程中，学会忍耐，因为忍耐是对胜利的一种执着。

毋庸置疑，一个不够坚持的人往往很难获得成功，他们总是因为各种各样的困难而退缩，半途而废。只有执着于梦想，才能够排除万难不断向前。执着就像一把刀，最终把人生雕刻成我们希望的样子，帮助我们顺利达到成功的彼岸。

的确，人生就像马拉松赛跑一样，只有坚持到终点的人才有可能成为真正的胜利者。著名航海家哥伦布的《航海日记》最后总是写着这样一句话："我们继续前进。"这话看似平凡，但也告诉了所有正在为目标奋斗的人们一个道理：达成目标需要无比的信心和意志力。在这个过程中，你只有坚守内心的目标，付出艰辛的劳动，才会实现蜕变、获得成功。

确立目标是开启成功模式的第一步

细心的朋友会发现，大多数成功人士的起点都是非常低的。这是为什么呢？古人云，生于忧患，死于安乐。成功人士在成功前，人生境况堪忧，为此他们常常对于现状不满意，也有足够的意志力和力量去打破人生的局限，改善人生的境遇。那些在生活中非常安逸舒适的人，对于改变人生的决心反而不大，为此常常会在人生中沉寂下来，带着得过且过的心。从更深层次的意义上来说，他们之所以出现这样的状态，也是因为他们缺乏目标，所以也就没有奋斗的状态。目标往往能够激励人们以更加努力上进的姿态面对人生。

从这个意义上来说，确立目标是开启成功模式的第一步。任何时候，都不要像无头苍蝇一样四处乱撞，否则，即使付出很多，坚持做了很多，也未必能够提升效率、获得更大的进步。我们只有确立人生的目标，把握人生的方向，如此才能有的放矢地向着目标前进，才能不断地提升和完善自己，让自己变得更加强大，从而越来越接近目标。

给自己确立目标，对于人生有很重要的意义。没有目标的人生就像是在漫无边际的大海上航行，很容易最终不知所终。有目标的人生，即使遭遇海面上的狂风巨浪，也能够坚持下去，继续前行。在这个世界上，没有人的人生是一帆风顺的，每个人在生命历程中都有可能遭遇各种坎坷挫折和磨难打击。

唯有让心变得坚强，不忘初心，砥砺前行，才能无所畏惧，勇往直前，突破人生的坎坷和困境。

自从大学毕业进入职场，亚文的目标就是成为职场女强人，把自己的拼搏和奋斗精神发扬光大。然而，亚文只是把这当成一个目标，她每天不但要完成工作，还要与朋友、同事一起吃饭、聊天、泡吧，哪里有时间去实现自己的目标呢！

转眼之间，一年多的时间过去，和亚文一起进入公司的新人，在工作上已经有了很大的进步和很好的表现，唯独亚文还在原地踏步。尤其是在公司年会上，有个新人还得到了新人最佳进步奖，尽管亚文对此表示不服气，但是想想自己在工作上的表现，她也知道自己不如那个获奖的新人。至此，亚文想起自己最初步入职场时的豪言壮志，不由得感到很惭愧。当天晚上，又有同学邀请亚文一起去泡吧，亚文想了想，拒绝了邀请，而是回到家里，用一个晚上的时间制订了详细的目标与计划，并且下定决心当明日的太阳升起的时候，就要开始执行计划，再也不能有片刻拖延。

有再远大的目标，如果没有计划作为实现目标的保障，如果没有良好的自我约束力和管控能力作为执行计划的基础，那么梦想就会变成空想，目标就会变得遥遥无期。在人生的道路上，我们不仅需要以目标作为指引，也需要不断地激励自己努力前行。

目标，帮助我们迈出通往成功的第一步，也让我们在与目标博弈的过程中获得更多的收获和成长。目标，是我们成功的起点，只有不断地激励和提升自己，在目标的指引下不断前行，我们的人生才会绽放更多的光彩，我们的未来才真正值得期待。

分解目标，然后一个个实现

在制订目标的时候，有人贪大，觉得目标必须非常远大，才能对人生起到积极的指导作用，才能让人生变得更加高大上；有的人胆小，不敢一下子把目标订得太过远大，为此他们对于制订目标总是过于保守，制订的目标往往很轻松就能实现，无法对人生起到激励的作用。此外，还有些人对于目标常常非常被动，他们不知道如何实现目标，也不知道如何兑现目标，只是把目标当成口号来喊，这样的目标显然无法对人生起到积极的推动和促进作用，也常常会使人感到迷惘和不知所措。

目标固然要远大，要对人生起到积极的引导作用，但是也要以实际情况作为基础和依据，也要符合每个人自身的独特情况。当然，在制订远大的目标给人生指明方向之后，接下来我们要做的就是努力实现目标。毋庸置疑，若目标太远大，我们即使非常努力，也无法马上就到达理想的彼岸。人生，总是需要一些激励的，如果刻苦努力之后却没有结果，我们会感到身心俱疲，也会因为内心的惶恐不安而陷入焦虑紧张的状态中。在这样的情况下，就要学会分解目标。第一步是把远大的目标分解为中期目标，如三五年的人生目标，接下来是把中期目标分解为短期目标，如一年或者一个月的目标。短期目标应该是我们经过努力之后可以实现的目标，而不是即使非常努力也无法实现的，或者是轻轻松松就能达到的。只有在经过努力之后实现目标，我们才能受到鼓舞，才能从中得到力量。反之，如果不努力就能实现目标，或者即使努力了也无法实现目标，则我们渐渐地就会对目标感到懈怠，也就无法继续按照目标的指引前行。由此可见，划分目标其实是一门艺术，也是一门技术。只有不断地按照目标的指引努力向前，只有全力以赴做好该做的事情，一步一个脚印在人生中留下扎扎实实的印记，我们的人生才会更加绚烂多彩，我们的未来才会更加盛大绽放。

在以日本为主场的一场国际马拉松友谊赛上，山田本一获得了冠军。在此之前，山田本一始终默默无闻，很少有人关注或者留意到他。听说山田本一成为马拉松比赛的黑马，夺得了冠军，很多记者都闻讯赶来，想要询问山田本一是如何获胜的。没想到，山田本一却说："凭着智慧取胜。"得到这个回答，记者们显然不满意。众所周知，跑马拉松需要耐力和毅力，智慧又与马拉松有什么关系呢？记者们以为山田本一在故弄玄虚，都很不以为然，也觉得山田本一获胜就是偶然事件。

几年之后，国际马拉松友谊赛在另一个国家举行。这次，山田本一又获得了冠军。这下子，人们对于山田本一的好奇更加强烈：如果说几年前山田本是打主场的，那么现在山田本一则是客场，为何还能取胜呢？依然有记者采访山田本一如何取胜，山田本一的回答一如既往：凭着智慧取胜。记者们还是不以为然，还是觉得山田本一在故弄玄虚，假装神秘。直到若干年后山田本一出版了自传，人们才从他的自传中了解到他是如何凭着智慧取胜的。

原来，山田本一每次参加马拉松比赛之前，都会先亲自熟悉赛道，还会拿着纸笔把赛道上一定距离的标志物画下来。例如，道路两侧的红房子、地标性建筑、一个公园、一棵古树等，都会被山田本一用作标记物，并且牢牢记住。在跑步的过程中，山田本一会以这些标志物为自己的小小中点，每到达一个中点，他都会感受到成功的喜悦，也会非常骄傲和自豪，从而继续充满力量地向前跑去。这样的方式把漫长的马拉松赛道划分为很多个短的赛道，使得山田本一在比赛的过程中可以始终都保持热情和活力。而其他的马拉松选手呢？一想到自己已经跑得很辛苦了，而目标却仍遥不可及，他们未免觉得很疲惫和沮丧，也就无法做到继续全力以赴地奔跑。正因为如此，山田本一才能凭着智慧取胜。

山田本一说得没错，他的确是凭着智慧取胜的，只不过那些记者不知道他所说的话是什么意思，才会对他不以为然。实际上，人生的目标也是如此。若目标过于远大，实现起来遥遥无期，就会让坚持努力的人产生深深的挫败感，也会导致他们不愿意继续努力向前。实际上对于人生而言，远大的目标固然是必不可少的，但我们也要学会把目标进行分解，让远大目标变成中期目标和短期目标。有些自律性很强的人，还会为自己制订一日计划等非常小的目标，从而指导自己在短暂时间内的言行举止，避免浪费时间、浪费生命。

当制订人生的远大目标之后，我们就要开始着手细分目标。在细分目标的时候，我们要注意以下几点：首先，人生始终处于不断发展的过程中，我们固然要有目标，但也不能因为目标而禁锢和限制自己，而要根据时代的发展、人生的进展及时调整目标。其次，不管是中期目标还是短期目标，都是为了实现远大目标服务的，为了避免人生道路有所偏移，在制订目标的过程中，我们要坚持中短期目标为长期目标服务的原则。

当然，关于短期目标，也许因为和远大目标相差甚远，所以看起来和远大目标之后未必有紧密的联系，但是内在的逻辑和服务的顺序是不会改变的。

不管如何制订目标，目标的作用都是为实现人生的梦想服务。因此，目标可以一成不变，也可以顺势而变，但是制订目标的宗旨和原则不能变。每个人都有独属于自己的人生，也有与众不同的梦想和理想，不要害怕被别人嘲笑，正如马云所说的，被嘲笑的梦想才是真的梦想，被嘲笑的梦想也终有一天会让我们的人生闪闪发亮。在前进的道路上，我们一定要更加努力，执着前行，从而将梦想照进现实。

方向明确，人生才不会随波逐流

有人说，人生就像在漫无边际的大海上航行，如果没有方向的指引，必然不知所终。的确，人生就是一个漫长的线性过程，我们无法决定人生的长度，但是可以控制人生的宽度。当我们拓宽生命，让人生富有意义，那么人生会更充实。但一切的前提都是要有明确的方向，如果我们在人生的大海上随波逐流，非但无法到达彼岸，甚至还会距离彼岸越来越远。

在《爱丽丝漫游奇境记》中，有一段对话让人印象深刻。爱丽丝问："请你告诉我，我应该选择哪条路？"猫回答："你想去哪里呢？"爱丽丝说："我随便去哪里。"猫回答："那么，你随便选择哪条路都行。"只是简单的几句对话，却为我们揭示了一个深刻的道理：一个人如果没有明确的方向和目标，不但自己不知所措，而且别人想要提供帮助都无从下手。正所谓"一年之计在于春，一日之计在于晨"，一生之计在于方向要明确，让努力事半功倍，让人生效率倍增，才能收获好的结果。

现实生活中，很多人整日抱怨命运的不公平，感慨自己终日奔波忙碌，却从未得到任何收获，而且距离成功越来越远。实际上，这并非命运的责任，而是因为自身的努力和辛苦付出没有收到预期的效果。究其原因，也许就是缺乏方向和目标的指引，导致白白浪费了宝贵的时间和精力，使得人生越来越局促紧张。每当夜深人静的时候，我们更应该扪心自问："我们努力的方向对了吗？"一旦方向错了，把生命浪费在无关紧要的事情上，就会导致努力成为无用功，不但没有功劳，更没有苦劳。

传说中，唐僧带着徒弟孙悟空、猪八戒和沙僧去西天取经。一路上，他们风餐露宿，饱经磨难。放在现代职场来看，他们就是一个团队，正在为了完成工作而精诚合作。在这个团队中，孙悟空本领最高强，不但有金箍棒，还掌握了七十二变，所以几乎每次唐僧遇难的时候，莽撞的猪八戒只能帮倒忙，而孙悟空却总是那个救场的人，成功地解救师傅。因而，很多朋友都觉得孙悟空是整个团队的核心人物，是不可缺少的。殊不知，这恰恰大错特错了。实际上，在这个团队中，看似手无缚鸡之力的唐僧才是真正的核心人物，是整个团队的灵魂所在。

孙悟空每次受了委屈或者是遭受挫折，就会回到花果山当逍遥自在的美猴王。猪八戒虽然能打，但是能力有限。沙僧呢，非常老实，沉默寡言，是负责挑行李的。虽然唐僧去西天求经的路上，看似最离不开的是孙悟空，实际上猪八戒和沙僧也至关重要，而最重要的就是唐僧本人。当徒弟们一个要往东、一个要往西的时候，唯有唐僧始终坚持方向，不忘初心。孙悟空几次三番无组织无纪律地脱离队伍，都是唐僧想办法把孙悟空找回来，然后整个团队继续一个也不少地执着前行。如果没有唐僧进行管理，约束着每个徒弟都朝着目标奋进，只怕整个团队会乱成一锅粥，取经也不可能完成。

从唐僧取经的事例中，我们可以看出，方向不管对于一个人，还是一个团队而言，都是至关重要的。选对方向，就具有了最初的动力，每一次努力，也会使我们距离成功越来越近。所以说，正确的方向是获得成功的先决条件，同时也是保障成功的基本要素。如果没有方向作为指引，那么孙悟空也会犯南辕北辙的错误，导致他们距离取经的目的地越来越远。不要因为自己占据某些有利的因素，或者有特殊的天赋，就沾沾自喜。要知道，一旦方向错误，原本对于实现目标有利的因素，都会变成对目标不利的因素，甚至导致我们彻底背离目标。

遗憾的是，现实生活中，总有些人特别懒惰且目光短浅，明知道自己努力的方向不对，却因为不愿意让此前付出的努力白费，就继续错误下去。这样的人最可悲，因为他们忙忙碌碌之后毫无收获，也无所作为。细心的朋友们会发现，大多数成功人士之所以能够获得成功，是因为他们有独到的眼光，而且能够始终坚持正确方向，目标明确。人生短暂，我们不能急于埋头赶路。唯有在正确方向的指引下，我们才能实现最初的目标。我们必须记住，和一味地努力相比，选对方向是更需要急迫解决的问题。方向对了，努力事半功倍。方向不对，努力毫无收获，还有可能导致事与愿违。

为了避免被人生远远甩下，一定要用心计划人生

现实生活中，很多人经常会说：“我不知道应该怎么办”“我很后悔，假如可以重来一次……”“一切都太出乎意料了，完全超出我的想象……”这样的话说起来其实毫无意义，不过是牢骚而已。其实，我们不仅常常听人这么说，自己也经常无意识地就开始抱怨，开始推脱责任。

生活是艰难的，这一点毋庸置疑，艰难就是生活的本质，也是人人都要承担的生活的难题。常言道，人生不如意十之八九，既然如此，我们也就没有必要继续抱怨了，毕竟抱怨无法解决任何问题。其实对于生活的无常，我们还有一个办法可以防患于未然，那就是提前制订计划，从而让一切都尽量按照自己的设想去发展。在制订计划的过程中，我们必然想到最坏的情况，也会对很多事情提前做好准备。这样，当发生意外的惊喜或者惊吓时，我们只要按照预案去处理问题，根本不需要过多地烦忧。换言之，当我们有了心理准备，事情也就不会使我们措手不及了。怕只怕很多人对生活漫无目的，毫无计划可

言，哪怕手忙脚乱地做了很多事情，最终却毫无收获。

作为“新东方”的缔造者之一，徐小平曾经说过：“假如人生没有设计，你只剩下三天就要挨饿。”这句话虽然说得有些过于夸张，但是却很符合现代社会的发展速度和趋势。现代社会竞争越来越激烈，人们的危机意识都很强。假如对于人生没有规划，那么就会导致被动，凡事都处于挨打的地位；反之，唯有未雨绸缪，我们才能让人生变得井井有条，效率倍增。

也许有人会说，人生之中计划赶不上变化，哪怕计划了，也会不停地随着发展而改变。事实并非如此。针对计划对于人生的重要性，早在20世纪中叶，哈佛大学的一位教授就曾经针对1000名毕业生展开了调查。教授询问这些毕业生对于人生的规划情况，最终总结出真实有效的数据，即在这1000名毕业生中，只有不足4%的学生对于人生有清晰准确的规划，大概有16%的学生，对于人生有模糊的规划，其他学生对于人生根本没有规划，只准备像无头苍蝇一样投身于生活之中。这项实验进行了很长时间，直到三十年过去，这位教授才重新联系当年参与调查的1000名学生。除了有35名学生因为各种原因没有联系上外，教授与其他的965名学生都联系上了。教授了解他们的家庭、事业等人生状况，最终得到的结果让人大吃一惊。原来，那些三十年前在大学毕业前夕对于人生有清晰规划的学生们，在后来的人生中取得了非常好的发展，各方面都能令人满意。而对人生毫无规划的那些学生们，生活不如意，或者事业没有发展。总而言之，没有规划的学生与有规划的学生，人生大相径庭，反差强烈。

哈佛大学是举世闻名的学校，是全世界的莘莘学子都向往的名校。从哈佛大学毕业的学生，如果没有明确的人生规划，都会导致人生的发展滞后，更何况是普通的学生呢！对于每一个人而言，计划都是人生中必不可少的，也是保证人生获得成功的必要因素。

1944年，有一个15岁的少年在美国洛杉矶郊区写下了自己的人生目标。他的目标很多，足足有127项，包括去各个地方旅行，探访名人的古迹，读一些作品或者写一部属于自己的作品。16岁那年，他跟随父亲一起去探险，完成了自己的第一个人生目标。18岁，他离开家乡，开始四处闯荡。20岁，他成为空军驾驶员，每天在天上飞来飞去，一年就走遍了世界上的21个国家。

22岁那年，他在危地马拉发现了一座古庙，还成为洛杉矶探险家俱乐部的最小成员。然而，四处奔波的生活虽然丰富了他的阅历，却也使他数次身处险境，险些性命不保。就这样有惊有险地走过人生的60年，他已经完成了106项人生目标。对普通人而言，这堪称奇迹，但是对他而言，这只是生命的必然历程。

刚开始，看到这个少年列下127项人生目标的时候，大家肯定都会感到非常惊讶，甚至认为连一半都不可能实现。然而，等到这个少年走过人生六十载，他却已经实现了106项人生目标，堪称奇迹。这就是拥有明确人生目标和规划的人表现出来的强大力量。生命，充满了奇迹，最重要的就在于我们如何对待生命、规划生命。如果任由生命的时光缓缓地流淌过去，不但生命的长度被缩短，就连生命的宽度也狭窄得可怜。这样的人生，谈何充实，谈何积极乐观向上呢？

有人觉得目标对于人生可有可无，现实却告诉我们，目标对于人生的发展至关重要。举个最简单的例子，一个孩子如果考试的时候奔着100分努力，那么他有可能考得100分，也有可能考得90多分。反过来，一个孩子考试之前如果觉得自己只要考到及格线就可以了，那么他大多不可能及格。这是因为在正式开始考试之前，他就已经放弃了努力，而且降低了对自己的要求和标准。聪明的朋友们看到这里，一定知道了自己的人生和他人的成功人生差距在哪里了吧！为了避免被人生远远甩下，我们一定要用心地计划人生，也要努力地跟进计划的节奏，让人生变得更加紧锣密鼓，更加充实。

第 03 章

成功，始于每一个已经开始的行动

梦想再远大，也要立足于当下

虽然生活的节奏越来越快，工作催促得人连喘息的时间都没有，但是整个社会都有一种非常奇怪的现象，那就是很多人都越来越喜欢拖延，恨不得停下手中的一切事情，把所有工作都拖到明天再做。他们陷入了一个误区，即觉得人生是非常漫长的，有无数个今天可以挥霍，有无数个明天可以期待，所以他们总是“我生待明日”。殊不知，“我生待明日”的结果，就是“万事成蹉跎”。他们最常挂在嘴边的话就是“今天太累了，我快忙死了，还是等等吧……”正是在这左一个等等右一个等等的过程中，他们渐渐迷失了自我，青春不再，也对人生失去了主动权。

人生的确很漫长，有几十年的时间，甚至有上百年的时间。而每年三百六十五天，每天二十四个小时，让人误以为这一生漫长得无休无止，无穷无尽，所以很多人都以年轻为资本，肆意挥霍生命。却不知道在他们的无知无觉中，人生已经悄然溜走，一去不返。直到容颜迟暮，他们才想起曾经青春美好的岁月都被荒废了，尽管悔不当初，却悔之晚矣。

如今，年轻人的世界充斥着各种各样的琐碎事情，诸如看看朋友圈，半个小时不知不觉就溜走了。再和朋友聊聊天，追一追网络小说，整个半天的时间也都没有了。有些年轻人虽然有梦想，却从来没有决断力，这导致他们每天看似忙忙碌碌，却因为没有方向的指引和行动的支持，导致一切忙碌都是瞎忙，根本没有效率和成果。

作为中文系毕业的好朋友，丽莎和小蕊一起进入同一家图书公司，都成了小编辑。对于自己的人生，丽莎有很明确的规划，她很喜欢编辑工作，因而为自己制订的十年计划是成为总编。尤其是当看到总编每天风度翩翩、气质潇洒地来上班，丽莎更是如同打了鸡血一般，把总编当成了自己的人生榜样。相比丽莎，小蕊则是顺其自然派的。她总是说“命里有时终须有，命里无时莫强求”，并且以此为借口劝说自己不要过分较真，而要顺其自然。

正是因为这两种完全不同的人生观点，所以丽莎和小蕊对待工作的态度也截然不同。丽莎每天都把自己的日程安排得满满的，从不浪费工作时间里的一分一秒。丽莎这么做除了要在工作上卓有成效之外，也是为了让自己下班之后能全心全意地休息。但是小蕊呢，她别说上班日程满满了，就连早晨到达公司也总是不能准时。因为迟到，小蕊每个月都要被罚款好几百块钱，她自己却对此不以为然，觉得自己是艺术家的气质与风格，还说自己的懒散作风有当作家的潜质。

这样两年过去了，丽莎凭着勤奋刻苦，俨然已经熟悉了图书出版的流程，也能够自己把一整套图书全部做下来了。而小蕊依然只是个小小的编辑，只能做图书出版的某一个环节。

一起进入公司的两个好朋友，起点也差不多，如今却有这么大的差距，不得不说都是她们自身决定的。

小蕊总是把希望寄托在命运，似乎命运能够让天上掉馅饼，让成功一蹴而就。实际上，命运从不会平白无故对一个人好，而是青睐那些努力的人。正因为如此，人们才说命运掌握在每个人自己手中，实际上也是在激励人们更加勤奋和努力。就像丽莎一样，她的编辑生涯使她对图书行业的认识越来越深刻，她不但学习到了知识，也积累了宝贵的经验，未来的职业生涯必然一片光明。而小蕊呢，对于这样一个不思进取的女孩，相信上司也不会有太好的印象，也许不知道哪一天就要卷起铺盖走人，重复找工作的痛苦过程了。

成功始于脚下。梦想再远大，也要从当下这一步迈出去。任何情况下，都不要觉得人生漫长得无休无止，实际上恰恰相反，没有人知道自己的人生将会何时戛然而止。既然如此，不管是对于生活，还是对于工作，我们都要打起十二分的精神来，才能不断地提升和完善自我，让自己进入人生更高的层次，也获得更伟大的成就。

立即执行，做到今日事，今日毕

行动的天敌常常是人们的拖延，而停止拖延的最好办法就是马上付诸行动。犹太人只占全世界人口的1%，但全球7%的财富都掌握在他们手中。其中的一个重要原因，就是犹太人学会做行动的主人。犹太人做任何事情都尽自己最大的努力，从来不把今天的事留给明天。他们做事情绝不会在那里拖延，而是做到今天的事情今天做，时刻谨记“今日事，今日毕”。

大多数成功者的时间观念都很强，所以他们绝不会拖延时间，也不会浪费时间，总是致力于把一件事做好。如果他认定是今天必须要完成的事情，就会竭尽全力地去完成它，哪怕别人已经下班了，他还是会坚持把事情做完才下班。这就使他养成做事严谨、珍惜时间的习惯，这也是他能够成功的一个重要条件。

马克·吐温曾经说过：“如果你每天早上醒来之后所做的第一件事情是吃掉一只活青蛙的话，那么你就会欣喜地发现，在接下来的这一天里，再没有什么比这个更糟糕的事情了。”由此引发出“青蛙”规则，对每一个人而言，“青蛙”就是最重要的任务，如果我们现在对它不采取行动的话，我们就很可能会因为它而耽误时间，我们的青蛙也可能成为对自己的生活产生最大影响的事情。

有人引申出“吃青蛙”的两个规则：一是如果你必须吃

掉两只青蛙，那么要先吃那只长得更丑陋的。简单地说，假如在一天里我们面临两项重要的任务，那么我们应该先处理更重要的那一项，即使重要的任务总是棘手的。养成这样的习惯，而且一开始就要坚持到底，完成一个目标接着开始另外一个目标。二是如果你必须吃掉一只活的青蛙，那么即使你一直坐在那里并盯着它看，也无济于事。摆在面前的即使是一件非常难做的任务，我们也需要立即行动，漫无目的地思索，以及任由内心惰性的滋长只会浪费更多的时间。

为了完成既定目标，提高自己的工作效率在于立即行动，即“吃掉那只青蛙”所阐发出来的理论：每天早上要做的第一件事情，就是对你来说最重要的那件事情，并使之成为一种习惯。这样时间久了，自然就能养成“今日事，今日毕”的好习惯。大量的研究表明，那些成功人士身上最显著的共性是“说做就做”。一旦他们有了明确的目标，就会立即展开行动，一心一意、持之以恒地完成这项工作，直到完成目标为止。

如果你走进成功者的办公室，你就会发现在他的办公桌上，你是看不见有“未决”的文件的。他们的时间观念都极强，他们绝对不会去浪费时间。在他们“今天的事情今天完成”的观念里，积压文件的做法是非常不可取的。因为如果在办公桌上有待批的文件，里面就极有可能有一批是极其重要的。如果没有按时把它们处理了，就会有可能耽误很重大的事情，而这是变相地在浪费时间。

金钱能够储蓄，而时间不能储蓄。金钱可以从别人那里借，而时间不能借。人生这个银行里还剩下多少时间我们也无从知道。因此，时间更重要。用投资来作比喻，投入多少不能用金钱来衡量，而是要用时间计算。在时间和金钱这两项资产中，时间显得更为重要。只有时间才是最宝贵的，当你认识到时间宝贵的那一刻，你也会变得富有。

只有行动才能把理想变为现实

生活中的你可以发现，古今中外的每一个成功者，都拥有超前的思想和超凡的行动力。一句话，行动促就梦想。说一尺不如行一寸，只有行动才能缩短自己与目标之间的距离，也只有行动才能把理想变为现实。成功的人都把少说话、多做事奉为行动的准则，通过脚踏实地的行动，达成内心的愿望。

事实上，很多情况下，无论我们有多少智慧、多少创意、多少决策和管理能力，我们常常做的还是执行，所以一个人的执行力的好坏决定了他最终是否能梦想成真。马云曾经说过这样一句话：“孙正义跟我有同一个观点，一个方案是一流的想法加三流的实施；另外一个方案是一流的实施加三流的想法，哪个好？我们俩同时选择一流的实施加三流的想法。”所以说执行力在人们成功的过程中，扮演着最重要的角色。

对于生活中的你来说，如果你心中有梦想，那么，就从现在开始改掉犹豫不决的毛病，不管面对的是危机还是机遇，你都要毫不犹豫地冲上前去。很多事情不尝试怎么知道结果呢？而且如果不切切实实地去做，你就会永远毫无收获。宁愿当一个错误连连的行动派，也不要当一个只说不做的空想家。

1921年时，电报机发明已有25年之久，人们也已经认识到电报对信息传播的重要作用。

鉴于此，一些年轻人从中受到启发，他们认为，既然电报有如此重要的作用，那么何不创办一份文摘刊物，让人们从中获取信息呢？

说做就做，不过当他们申请邮局发行时，得到的答复是因为还从没有过这类刊物，目前条件还不成熟，还要等一等。绝大多数申办者就只好等等再说。

但在这些人中，有个叫华莱士的年轻人却没有放弃，他认为：邮局不发行，我可以自办发行呀。他没有等待，而是将订单装入2000个信封中，从邮局发往各地。

就这样，这位青年创办了世界上很少有的文摘刊物，它一下子拥有了不少的读者，而且市场越来越广阔，它就是有名的《读者文摘》。到2002年，这本刊物已成为世界性的刊物。它用19种文字出版，发行到127个国家，年收入达5亿多美元。

所以，不要怕实践你的梦想，不要因为恐惧而裹足不前，不要等生命走到尽头时，才恍然大悟原来你可能有机会实现梦想，只是你放弃了。有了梦想就不要空想，不妨勇敢地去实践!不要在意别人的嘲笑。如果没有勇气去大胆地尝试，你永远都不会知道自己的潜力有多大!

那么我们所说的执行力，到底是什么呢?

执行力，指的是贯彻战略意图、完成预定目标的操作能力，是把企业战略、规划转化成为效益、成果的关键。执行力包含完成任务的意愿、完成任务的能力、完成任务的程度。对个人而言执行力就是办事能力。简而言之，执行力就是把想法变成行动、把行动变成结果的能力。

有想法是好事，但是仅仅停留在想的阶段，而不去行动、不去实施，那再好的想法也不可能为自己的人生创造价值。从现在开始，你一旦有一个想法、一个念头，就应该把自己的这个念头记录下来，然后进行完善，使它成为一个具体、明确的可以执行的主意、想法、策划，然后制订出自己的具体计划，立刻行动，去实现这个想法。可以先从简单的开始，训练自己立刻行动的特质，只有拥有了这种特质，你才可能逐渐走上成功的道路。

用行动说话，才是对理想的最好诠释

有位伟人说过：“世界上只有两种人：空想家和行动者。

空想家们善于谈论、想象、渴望，甚至于设想去做大事情；而行动者则是去做。你现在就是一位空想家，似乎不管你怎样努力，都无法让自己去完成那些你知道自己应该完成或是可以完成的事情。不过，不要紧，你还是可以把自己变成行动者的。”行动者比空想家做得成功，是因为行动者一贯采取持久的、有目的地行动，而空想家很少去着手行动，或是刚开始行动便很快懈怠了。行动者具备有目的地改变生活的能力，他们能够完成非凡的事业，与此形成鲜明对比的是，空想家只会站到一边，仅仅是梦想过这些而已。

那么，生活中的人们，你是甘愿做一个事业有成的成功人士，还是只愿做个碌碌无为的普通人呢？如果你选择前者，那么，从现在开始，你就得给自己规划一个详细的人生目标，并按照现有的自身条件去为之奋斗。只要你这么想了，也这么做了，那么你的人生最终就是成功的。

“空谈误国，实干兴邦。”大到国家，小到个人，万事万物都得由小到大。或许你现在做着看似不着边、没有前景的工作，但我们要坚信，事物发展的道路是迂回曲折的。巴纳德说过：“机会只偏爱那些有准备的人。”成功的秘诀在于行动。现在就采取行动，决不拖延，行动高于一切！把握现在的瞬间，从现在开始，心动不如行动。愚公正是因为没有空想，才用行动移开了大山。

只有做“行动巨人”才是21世纪的大写者，“行动的矮子”只会被岁月的潮流淘汰。

当然，“行动”并不是一个抽象空洞的词语。它需要你用坚定的信念、顽强拼搏的精神与必胜的信心来实现。对此，我们需要做到：

1. 敢想敢做，挑战自我

一个天生胆大的人，也是一个敢想敢做的人。虽然有时候看似在冒险，其实最大的危险不是冒险，而是故步自封、无所作为。当然，你还要做到突破思维、不断挑战自我。

2. 突破自我，创造奇迹

一个人只有敢于打破现有的固定模式，才可能创造出奇迹。而奇迹不是每天都会发生的。想要奇迹发生，还要看你的行为方式和思维状况。那么，你是甘于平静，还是让生命充满色彩呢？

当你每天早晨打开窗户的时候，就会感受到一股新鲜的空气。于是，你感觉自己的身心是那么的轻松。接下来要做的事情就是，投入每天的工作当中，好像这个世界上的事情永远做不完似的。另外，你可以每天让自己多出一点新奇的想法，给生活增添一点新奇的意味。如果你这样去做了，那么，你就等于在努力突破自我，虽然现在还没有奇迹发生，但至少和原来的你是不同的了。

3. 超越环境之上，做一个胜利者

环境是特定的，人是灵活的。因此，人不能被特定的环境所压制，而是要努力去冲破环境。即作为人是不能被环境所屈服的，因为我们是勇敢的。我们要超越环境之上，做一个永远的胜利者。当一个人最想做自己的时候，那就等于想解放自我，而不再做环境的奴隶。即使这样做需要付出很大的代价也不怕。

“一切用行动说话”，这大概是对我们理想的最好诠释。努力学习、工作，打好基础，社会才会接纳你，我们的目标也才有实现的可能。

多考虑拖延的后果，从思想源头上杜绝拖延症

很多事情，说起来只是三言两语，真正做起来却很难。这是因为人都有劣根性，人具有理智，但更是情感动物，所以更容易受到情感和本性的驱使，而把暂时的理智抛诸脑后。当拖延症复发的时候。我们尽管不停地叮嘱自己不要拖延，但是拖延还是让我们深受困扰。哪怕我们的确采用了各种方式解除拖延症，拖延症也依然严重影响我们的工作和生活。在这种情况下，还有没有更加铁腕的手段，帮助我们解决拖延症，且绝不敢懈怠呢?

有一名野外长跑运动员，在经过教练长久的训练后，成绩虽然不错，但是距离夺冠还有可提升的空间。教练知道这名

运动员还有潜力可挖，但是无论教练使用何种方法，运动员总是觉得自己的成绩已经达到预期，只要继续保持下去就好，正是在这种思想的影响下，他无形中禁锢了自己，导致成绩再也没有提升。思来想去，教练想出了一个好办法。在一次进行全程训练时，当运动员们跑到一半的时候，教练突然放出一只小狼。一个运动员发现身后居然有只狼，马上喊叫起来。这名很有潜质的运动员扭头看去，果然看到有一只毛茸茸的东西几乎就要咬到自己的脚后跟了，因而他马上不顾一切地狂奔起来。就这样，剩下的半程他根本不知道计算速度，只是一味没命地奔跑。好不容易跑到终点，小狼也气喘吁吁地跟在他身后冲过终点线，扑到教练怀里。这时，他依然惊魂未定，却看到小狼和教练非常亲昵。原来，这只小狼是教练喂养的宠物，并非野生狼。那么，再来看看这位选手的成绩吧，他居然突破了自己一直以来的纪录，比预定的时间提前了十几分钟到达终点。教练非常满意，说："嗯，这样的成绩还可搏一搏，胜算也比较大。"运动员觉得很纳闷，因为他一直都觉得自己再也无法缩短一分一秒了。看着运动员疑惑的样子，教练得意地说："其实，你还是有潜力的，只是你认定自己只能达到这个水平，因而限制了自己。在看到狼崽的时候，你吓得一个劲地往前跑，这样才完全忘记了自己，跑出了新成绩。"运动员恍然大悟。

如果不是意识到后果严重，甚至生命受到威胁，也许这名很有潜力的运动员至今还在满足于自己曾经的成绩呢。但是在危机面前，一想到严重的后果，再想想生命只有一次，一旦错过就不可重来，强烈的求生欲望使他不遗余力地努力向前奔跑，最终成功突破自我，让自己的成绩前进了一大步。

很多时候，人们之所以拖延，是因为没有意识到后果的严重性。诸如人们在参加日常工作会议的时候会迟到，但是在赶飞机的时候却不会迟到；孩子们平日里上学会迟到，但是在中考以及高考时，却很少有孩子迟到。这就是因为对待事情的重视程度不同，导致人们会出现选择性的拖延和守时。再如，一个人哪怕平日里再怎么喜欢睡懒觉，结婚当天也会早早起床，让自己成为最美丽的新娘或者最帅气的新郎，因为他（她）知道结婚是人生大事，要接受所有亲朋好友的见证。在职场上有一种非常奇怪的现象，即大多数雷厉风行的上司带出来的下属也都是雷厉风行的，而大多数和颜悦色、慢性子的上司带出来的下属也都是慢慢吞吞、不温不火的。要想戒掉拖延的毛病，我们不妨想一想拖延的后果。如果后果严重，而只需要你适当地加快速度就能避免，那么你还会继续拖延下去吗？

给出时限，督促自己高效率地解决问题

拖延形成的根本原因到底是什么呢？有些人天生就是慢性子，所以做任何事情都慢慢吞吞的，哪怕事情迫在眉睫，他

们也无法因为着急而忙碌起来。有些人则是因为后天的不良习惯，最终养成拖延的恶习。既然是习惯，当然就是可以改变的，诸如在做事情的时候有意识地规定时限，对于长期的任务还可以给不同的阶段规定时限，这样坚持下去，拖延的坏习惯就能得以改变。最可怕的是，有些人对于自己的拖延无知无觉，根本意识不到自己是在拖延，当被催促的时候，他们还会觉得很委屈，觉得自己已经竭尽全力了。不管出于哪种情况的拖延，我们都要正视和面对，有意识地改变自己的行为习惯，从而提高效率。

在计划中给出时限，从而督促自己高效率地解决问题，加快行动的节奏，这是戒掉拖延症的好方法。很多拖延症患者都会把拖延的原因归咎于外界，或者抱怨条件不给力，或者抱怨合作伙伴没到位，或者抱怨他人没有解释清楚要求，这样无疑是自欺欺人的。很多时候，还有些人会因为意志力薄弱，做事情总是半途而废，无法坚持到底。假如能够提升自己的意志力，让自己变得坚韧不拔，那么哪怕遭遇更多的坎坷和挫折，也总能够不遗余力地进行下去，这样才能避免拖延的恶果，迎来好的结果。哪怕是一时冲动想要做某件事情，真正意志坚强的人，也会一往无前，直到取得最终的结果。

很多人对于拖延的后果觉得无所谓，非常轻视。但事实上拖延不仅会给我们的人生带来严重的后果，还会让我们陷入无穷无尽的烦恼之中。趁着拖延还没有让人生无法挽回，我们要从现在开始就给自己设定完成各种事情的期限。古人云，“明日复明日，明日何其多，我生待明日，万事成蹉跎”。就告诉我们，拖延最终会使人生成为不可追忆的往昔，人生也必然在拖延中彻底消失。常言道，有志者立志长，无知者常立志。树立志向只是人生的第一步，唯有坚持梦想、持之以恒，也要根据计划按部就班地完成每个人生阶段的重任，才能让人生更充实，才能让未来更可把握。

琳达是一名自由职业者，主要负责给图书配图。因为工作时间灵活自由，也不像全职工作者那样必须按时按点地上班，所以她深受拖延症的折磨。刚刚从事自由工作时，琳达每天都睡到自然醒，再洗漱完，往往已经到中午时分了。一个月之后，琳达决定不再放纵自己，而是要按时按点地起床，充实地度过每一天。但是，第一天，她失败了，虽然闹铃八点就响了，但是她直到十一点多才起床。第二天，闹铃七点半就响了，她关掉闹铃，继续昏昏沉沉地睡去，直到十点多才起床。接下来的每一天，她都不能按时起床，而且睡得时间越长，越觉得困倦。最终，她不得不让朋友到她家里来，把她摇晃醒。转眼之间，她接到的第一份配图工作距离交稿还有十天的时间，但是她的工作完成了还不到四分之一。琳达真的要崩溃了，这可是自砸招牌的事情啊。为此在剩下的十天里，她每天都工作到凌晨，彻底变成了熊猫眼，也使自己变成了昼伏夜出的蝙蝠，可想而知工作效率并不高，工作的质量也没有保障。

第一次交稿，琳达就被客户提出各种意见，但是好歹给了她更多的时间进行修改和完善。时间一充裕，琳达的拖延症又犯了。为了帮助琳达彻底戒掉拖延症，朋友不得不入住她的家里，以强势手段帮她养成良好的作息习惯。后来，琳达也给自己制订了详细的工作计划，每天都要在规定的时间里完成一定的工作量，否则就不能吃饭睡觉。如此逼了自己一段时间，她的拖延症有了大大的好转。

很多人都觉得计划只是一种形式，没有太大的作用，甚至还会变成一纸空文。实际上，计划是否只是形式，并非取决于计划本身，而是取决于我们执行计划的力度和决心。当我们戒掉拖延的毛病，每天都按照计划完成工作，兑现生活的许诺，就会感到非常充实，每一天都是有意义的，都是让人愉快的。反之，当我们把辛辛苦苦制订的计划抛到脑后，而肆意地拖延时间，那么我们的内心一定感到空虚和惶惑不安。当你习惯于计划，习惯于在规定的时间内完成工作，你才能心无旁骛地休息，也才能更好地享受生活。

很多人之所以拖延，归根结底是因为缺乏意志力。当我们在制订计划的时候规定时限，甚至规定具体的时间，在第一次努力按照计划完成生活和工作时，我们会感受到成就感，也为自己的坚忍不拔点赞。这样充实而又脚踏实地的感受，是每个人都愿意拥有的。从现在开始不要再为自己无限的拖延而觉得心虚，努力完成计划，你就会感受到不拖延的美好生活。

第 04 章

快速做决定，犹豫只是在浪费时间

放手去做，有时候成功来源于一个痛快的决定

在生活中，相信每个人都有自己的梦想或目标，也就是一个指引人们行动的方向，然而，最终能达到自己目标的人却是少数，大部分人还是庸庸碌碌地过完一生。究其原因，很大一部分人缺乏立即执行的精神。他们在行动前就开始产生焦虑：万一失败了怎么办？像这样永远都不会有什么成功，只会与目标渐行渐远。所有的成功者都必定有着果断的执行力。可能一直以来，你认为自己是个勇敢的人，但到了真正可以表现自己勇气的时候，却左右迟疑、不敢付诸实践。其实，这不是真的勇敢，因为勇敢不是停留在言语上的，而是要放手去做的。

同样，在我们现实工作中，一些人就是因为想得太多而迟迟不敢着手做手头上的事。他们宁愿承认自己没有做到足够的努力，也不愿意承认自己能力不足，他们为自己寻找各种借口，到最后，他们就能名正言顺地不必承担失败的责任。

所以，生活中的人们，如果你希望在未来过上幸福的生活，实现你的梦想，那么从现在开始，你就要早做打算，就要努力。并且，再也不要被那些消极的思维左右自己，不要认为自己年纪大，不要认为自己愚笨，而要成为一个积极向上的人，培养自己的热忱，找到自己的目标前进，你就能为现在的

自己做一个准确的定位，积极地朝着自己的人生目标前进。

索菲娅是哈佛大学艺术团的一位歌剧演员。

在一次演讲中，索菲娅当着全校师生的面提及自己的梦想——毕业以后先去欧洲进行为期一年的旅游，然后，她要去纽约的百老汇闯出一片天地。

就在这天下午，索菲娅的老师找来问她："我听说你想去百老汇，那么，你今天去百老汇跟毕业后去有什么差别？""是呀，大学并不一定能为自己争取到去百老汇的机会。"索菲娅觉得老师的话很有道理，于是，她决定一年以后就去百老汇闯荡。

"你现在去跟一年以后去有什么不同？"

索菲娅一想，的确如此，于是，她告诉老师自己决定下学期就出发。

老师又问："你下学期去跟今天去，有什么不一样？"是啊，老师说得对，接下来，索菲娅有些晕眩了，她仿佛现在已经置身于百老汇那金碧辉煌的舞台上了……她说："我决定下个月就去。"

老师乘胜追击问道："那一个月以后去和今天去又有什么不同呢？"

索菲娅的心情很激动，她说："好，我准备一下，一个星期以后就出发。"

老师步步紧逼："百老汇什么买不到？那些生活用品更是

到处都是。那你要一个星期的时间准备什么呢？”

索菲娅激动地说道：“好，我明天就去。”老师赞许地点点头，说：“我已经帮你预订好明天的机票了。”

第二天，索菲娅就坐飞机来到了全世界艺术的最高殿堂——美国百老汇。

这天，百老汇一位著名的制片人正在筹备一部经典剧目，前来面试的人很多，但这位制片人只需要10位候选人。索菲娅接下来两天做的事情是找到剧本，然后她把自己关在出租屋里自编自演。

面试的时候索菲娅自信满满地对制片人说：“我可以给您表演一段原来在学校排演的剧目吗？就一分钟。”制片人同意了，他不愿让这个热爱艺术的青年失望。

索菲娅表演的正是制片人要排演的剧目，制片人惊呆了，因为眼前这位姑娘的表演实在太棒了。他马上通知工作人员结束面试，主角非索菲娅莫属。就这样，索菲娅来到纽约没几天就顺利地进入了百老汇，开始了她灿烂的艺术人生。

索菲娅的故事对你是否有所启示？的确，成功的人与那些蹉跎人生的人的最大区别，就是行动！如果你能追溯那些成功人士的奋斗之路，你就会感叹：“难怪他会做得这么好！”怎么样的行动才能获得最大的成功呢？是马上行动！生活中的人们，不要再感叹时光荏苒了，从现在起，立即行动吧，下一刻也许就是成功！

要做到“现在就做”，你需要执行激发行动的六大步骤：

1. 我要得到什么样的结果

思考想要的结果。例如，下学期要达到的学习目标、背诵多少单词等。

2. 达不到目标有什么样的痛苦

想象一下，没有达成这个目标可能出现的痛苦场景。例如，个人价值不被认可。

3. 不行动有什么坏处

再思考，如果不行动会导致什么不良后果。例如，学习成绩不佳、目标完不成、不被认可、无快乐可言等。

4. 假如马上行动，有什么好处

想象如果立即行动，又会带来什么好处。例如，有机会当上班干部、个人价值将得到认可、考上好的大学等。

5. 制定期限，马上行动

行动前，定下目标达成时限。例如，在两个月内，再提高十个学习名次。

6. 将行动计划告诉你的父母、朋友和老师

先行检验一下你的行动计划是否合理可行。例如，告诉老师自己的目标，寻求他的辅导和支持等。

任何人，只有树立了目标，内心的力量和头脑的智慧才会找到方向。目标是对于所期望成就的事业的真正决心。要实现目标，我们必须现在就做，绝不能耽误一秒。

思路明确，迟早会找到自己人生的出路

人们都说苦难使人早熟，而现在的年轻人都是90后，90后是从小在蜜罐里长大的。一个总是在幸福呵护中长大的年轻人，迷茫、缺乏方向感，不懂得怎样实现自己的价值是必然的。这是一个集体迷茫的时代，一方面是个人的原因，另一方面也有社会的因素，社会正处在一个转型期，各种价值观念发生碰撞，就连四五十岁的中年人都有一种迷茫感，更何况是年轻人呢？

不过迷茫、找不到出路并不可怕，只要你有着自己的信念，有着明确的思路，那迟早会找到自己人生的出路。可以说，年轻人现在是比较清醒的，对自己的前途也有着自己的期待和规划，尽管这种规划还处在相当模糊的阶段。

有人说90后是“失梦的一代”，失去梦想，满眼现实。有梦想是好事，但重视现实又有什么不对呢？为自己的将来规划一个可期的、现实的、明确的目标，不是比梦想更重要的一件事吗？为自己的将来寻找一条出路，不是每个人必须有的意识吗？从现在开始，年轻人就可以思考自己将怎样成功，这并不可耻，只有个人有明确的思路，个人成功，集体才能壮大，才有将来。

30岁之前，你一定要弄清楚自己可以做什么，很多年轻人之所以一事无成，是因为他们有着太多的选择，有着太多的目

标，太贪心，反而一无所成。想做什么是一回事，能做什么是另一回事。一个人能做的事情，能在哪个领域获得成功，其实是非常有限的。看看你的父母是做什么的，看看你受过的教育是哪方面的，看看你的兴趣、你的天赋在哪儿，看看你的机缘在哪里，这一切就是你可能做的事情、可能的出路。

比尔·盖茨从小时就对电脑软件感兴趣，他大学就读于哈佛的计算机专业，最终他的出路就在计算机领域；李嘉诚从成年开始就处在受雇和雇用别人的环境中，促使他成为一个商人；杨振宁的父亲就是科学家，另外很多学者、科学家的家族就是知识分子家庭，从小耳濡目染，自然选择了知识领域。

你在一个怎样的家庭中成长？你最熟悉哪个领域？你在学校受到了怎样的专业教育？你的天赋在哪里？你工作后遇到了哪些贵人？从这些因素中就能够找到你最终的出路，找到你最适合在哪个领域工作。成熟的人懂得用最短的时间弄清楚自己可以做哪些事，最擅长做哪些事，然后从这方面寻找契机，进行努力。

找到了自己适合哪条路，就在这条路上走下去，在不同的行业、完全不交叉的职业中转来转去、跳来跳去，是对人生最大的浪费。在你选定的领域中坚持下去，你最终就能走到事业的顶点。

现在就想一想，你事业的顶点在哪里？你可能达到吗？对于你来说你人生的顶点在那里你满意吗？如果答案是否定的，你还需要对自己的职业再考量，或者寻找比较熟悉的交叉领域作为人生的顶点。

阿西莫夫是一位科普作家，也是一位自然科学家。他的成功就得益于对自己的再认识，想清楚了自己可能达到的最高点。一天上午，当他坐在打字机前打字的时候，突然意识到：“我不能成为第一流的科学家，却能够成为第一流的科普作家。”于是，他几乎把全部精力都放在科普创作上，终于使自己成为当代世界最著名的科普作家。再如海岩曾经是个警察，也是个商人，然而令他最出名的却是他社会实践的结晶——他的文学作品。为自己的职业想一个可能的拓展前景，会对你的人生有更大的帮助。

一个人，只有对自己的人生有明确的规划，才能够成就更大的事业，那些今天想这样做、明天想那样做的人，他们的思想都是非常幼稚和混乱的。清楚自己可以做什么，清楚自己人生可以达到的高度，才是一个人成熟的表现。如果鲁迅没有写文章，我们就少了一个伟大的文学家；如果达尔文没有进入生物界，进化论就要晚上几十几百年；如果爱因斯坦致力于做一个小职员，那物理要落后几百年。

清晰的人生思路，比现实的出路还要重要，清楚自己能够做什么、正在做什么、将要怎样实现人生价值，一个人才能变得更加成熟。

犹豫不决，只会错失良机

一位富翁在研讨会上讲过这样一个故事：

场院上，一头毛驴要吃草，毛驴左右两边各放一堆青草，岂料，毛驴犯了难，先吃哪一堆呢？最后，毛驴在犹豫不决中饿死了。

现实生活中的我们在需要作出某个决策的时候，是否也总是犹豫不决或一再拖延呢？对某些基础薄弱的普通人来说，在做一件事前，难免再三权衡利弊，仍然举棋不定，结果等想好的时候，机会已经丢掉了。很多时候，在机会来临时，我们并没有太多的时间去犹豫。

中国有一句老话，叫作“当断不断，必受其乱”，说的就是在处理一些事情时，我们不能过分地犹豫不决，而应该立即采取行动。在现实生活中，有些人对一些事情总是犹豫不决，结果错失良机，使本该取得成功的事情没有成功，使本该避免的损失没能避免。

著名传道家比利·山戴曾说：“犹豫不决是魔鬼最喜爱的工作。”犹豫不能改变事情的现状，在反复思量、犹豫不定时，丢失的机会也许比真正错过的还多。“机不可失，时不再来”的话常被人们挂在嘴边，用以告诫那些犹豫不决的人。

每个人的生活中都会接二连三地出现需要你判断和决策的事情，人生的道路离不开决策。很多时候，正是决策的差异，决定了成功和失败的最终结局。在白手起家的道路上，资金不足、机会难觅等诸多问题都需要我们果断决策。一件事情做不做，什么时候做，该怎么做，也需要你及时判断。决策晚了，机会就没有了，决策错了，则全盘皆输。对于成功者来说，果断决策是他们取得卓越成绩的良好习惯。

也许有人会说，决策还不简单吗？在权衡利弊后，要做什么，就赶快上手。然而，现实生活中的很多人都知道自己应该做什么，但就是不能达到预想的做事效果。而不能果断决策和拖延的坏习惯是其中的症结。

在白手起家的初期，有些人在没有压力的状态下惯了，面对突然到来的机会，由于前怕狼、后怕虎等多种原因而不能果断决策，以致贻误时机。有些人悠闲和懒散惯了，在决定创业后，依然像没上发条的闹钟一样，紧张不起来。时间一长，最初的热情和已经花费的精力都将在消极等待中消磨殆尽，这不但会损失眼前的机会，还将影响我们的长远规划。

一个富人曾说，如果你渴望富有，那么你首先就要具有富人的素质，你要在看到问题后果断决策。

克罗克是美国颇负盛名的麦当劳公司的老总。有一段时间，公司出现严重亏损。克罗克发现其中一个重要原因就是公司各职能部门经理总是习惯于靠在舒适的椅背上指手画脚，把许多宝贵的时间耗费在抽烟和闲聊上。

于是，他果断作出决策，派人将所有经理的椅背都锯掉，逼着他们离开舒适的椅子。一开始，经理们不解、不满，觉得克罗克不近人情。不久，他们悟出了老总的良苦用心，于是纷纷深入基层实地调查、处理问题。他们的行动影响和带动了全体员工，公司不到三个月就扭亏为盈。

克罗克果断地将职能部门经理的椅背锯掉了，惰性的温床便不复存在，人的活力与创造力重新被激发，公司效益随即扶摇直上。

西方有句格言：“任何时候都可以做的事情往往永远都不会有时间去做。”再好的梦想也会因不能果断决策而流产。要知道，因为不能果断决策而导致事情拖延，这不仅仅意味着你没有良好的做事习惯，更直接关系着你能否取得最终的成就。

对于有志创业的年轻人来说，一旦我们有了某种想法，就应该以最快的速度付诸行动，把偶然的灵感，经营成实实在在的赚钱的机会。

一天黄昏，日本三洋公司创始人井植熏在马路上骑车，因为他的自行车车尾没有反光板而被警察严厉地教育了一番。回来的路上，井植熏不断地回想着警察的话：“这是法律规定的，这是法律规定的……”突然，一个想法出现在他的脑海中，“真要是这样的话，那可就是一桩好买卖呀：全国大约有1000万辆自行车，每辆自行车都需要反光板，这个市场太大了！”他想起在三洋的车间里，还堆放着大批的钢片边角料，以往这些下脚料都被当废品卖掉的，若是用它们来生产自行车车尾反光板的底板和边框，真是再合适不过了。

他把这个想法在会议上和同事进行磋商，在反对的声音中，他果断决策，随后立刻采取了行动。他打电话到东京，询问红色玻璃的价格。粗略地估算了一下成本，大约每个反光板需要1日元，而当时市面上出售的用黑铁皮做的反光板价格是28日元，他完全有占领市场的优势。

很快，三洋生产的钢框反光板面市了，并且销量很快超过了马莫尔和松下等老牌子，几乎独占了整个市场。三洋公司也从此逐渐发展壮大起来。

在财富的灵感突然闪现时，果断作出决策，这是至关重要的。决策的不果断会导致事情的拖延和低效，这种影响工作效率的糟糕习惯使得很多年轻人的宏图大志未能实现就早早夭折。不管他们当初的构想多么美好，都会因不能果断决策而无声无息地消失不见。

在白手起家的道路上，无论你选准哪个项目，都要让自己赶快起步。一旦起步，继续前进便不太困难了。你等得越久，犹豫越多，事情就在想象中变得越困难，越可怕。就像第一次站在游泳池的跳板上准备跳下去一样，你等得越久，左思右想，担心和害怕越多。

果断决策是一种能力，更是一种促进成功的良好习惯。在财富的路上努力奔跑的人，要尽早培养自己做事果断、决策迅速的习惯，让自己胸有成竹地面对改变人生的诸多机遇。

培养主见，不被别人左右

你是否经历过以下场景：这周末你准备去市图书馆学习，但是周五晚上，你的死党给你打电话，希望你参加他举办的聚会。你怎么办？是去学习还是经不住他的诱惑？如果你选择后者，那么，这只能说明你是个容易被他人影响的人。

如果你希望提高执行力、渴望有所作为，那么，你就必须努力成为一个有主见的人。做任何事，在做抉择时，如果你左思右量，那只能延误时机。的确，有时候，思虑周全并不为过，但千万不能瞻前顾后。所谓不要瞻前顾后，就是不要考虑别人如何评价我们、如何看待我们、我们能得到什么回报、得到什么奖励表扬荣誉。

不得不说，工作和生活中的那些拖延者，有很大一部分都是因为缺乏主见、被别人左右行为而在拖延时间、浪费生命。他们太容易被周围人们的闲言碎语所动摇，太容易瞻前顾后、患得患失，以至于给外来的力量可以左右他们的机会。这样的人在生活中似乎谁都可以在他们思想的天平上加点砝码，随时都有人可以使他们变卦，结果弄得别人都是对的，自己却没有主意。

我们在执行时，对世俗复杂的环境我们能避开的就避开，不要轻信别人的胡言乱语，人要有自己的主见，要有坚定的信念，只有自己当机立断，相信自己的判断和能力，远离小人，你的事业才会成功。

的确，人世间有太多会扰乱我们心绪的因素，对此，我们要懂得调节，才能避免他人的有意干扰。为此，我们需要注意以下几点：

1. 采用稳健的决策方式

有时候，你的大脑可能一个劲地陷入哪个好哪个坏的争论之中，事实上没有这个必要，只要没有明确的二者择一的要求，就不必太早决策。

2. 要养成独立思考的习惯

不能独立思考、总是人云亦云、缺乏主见的人，是不可能做出正确决策的。如果不能有效运用自己的独立思考能力，随时随地因为别人的观点而否定自己的计划，将会使自己的决策很容易出现失误。

3. 坚决按照某种原则执行

利与弊往往是事情的一体两面，很难分割。有的人明明事先已经编制能有效抵御风险的决策纪律，但是一旦现实中的风险牵涉到自己的切身利益时，往往就不容易下决心执行了。

4. 不要总是什么都试图抓住

过高的目标不仅不会起到指示方向的作用，反而会带来一定的心理压力，束缚决策水平的正常发挥。事实上多数情况下，如果没有良好的决策水平做支撑，一味地追求最高利益，势必将处处碰壁。

5. 不要怕工作中的缺点和失误

成就总是在经历风险和失误的磨砺过程中才能获得的。懂得这一事实，不仅能确保你的心理平衡，而且能使你更快地向成功的目标挺进。

6. 不要对他人抱有过高的期望

百般挑剔，希望别人的语言和行动都要符合自己的心愿，投自己所好，是不可能的，那只会自寻烦恼。

总之，你需要明白的是，培养自己的执行力极为重要，因为机会稍纵即逝，并没有留下足够的时间让你去反复思考，这就要求你当机立断、迅速决策。如果你犹豫不决，就会两手空空、一无所获。

求新求变，牢牢把握自己的命运

人的一生，是不断接受改变的一生。的确如此，我们的生活时时刻刻都在变化，我们也在争分夺秒地适应这种变化。每当面对一些突然发生的改变时，我们就会手忙脚乱，不知所措。其实，要想让生活变得轻松一些，我们不妨改变思路和方法。既然改变终归要发生，我们就要变被动接受，为主动求变。

恋爱之中，有追求与被追求的两方，当然，也有一拍即合的两情相悦型。不过，大多数情侣的感情还是有先后的。总有一方先对另外一方表现出好感，然后另外一方经过一段时间的考察和相处之后，决定是接受还是拒绝。有些人比较木讷，在恋爱中从不主动，即使确立了恋爱关系，也依然被动地等着对方来爱，这是不好的。很多事情，我们要想掌握主动权，就应该先计划，再行动。感情也是需要经营的，如果一味地等着对方主动示好，你就无法把握恋爱的节奏。和朋友相处也是如此，现代社会，人际关系上升到前所未有的高度。不管在生活中还是在工作中，我们都没有办法脱离人际关系独立生存。拥有良好的人际关系，能够帮助我们占尽天时地利人和，更快地获得成功。那么，在和朋友交往的时候，你是不是占据了主动呢？中国是一个崇尚礼仪的大国，尊崇礼尚往来，你先向对方表示了友好，对方也一定会给予你回应。相反，假如每个人都等着别人来和自己交往，那么人与人之间就会变得非常冷漠。要想拥有更多的朋友，你要成为那个先抛出橄榄枝的人。

在工作中，主动的精神更加重要。很多人都有惰性，只要工作上的表现符合老板的要求，只要薪资能够养活家里，就不想再做出更大的努力。其实，别人都在进步，你不努力奋进，那么时间长了，你就会落后，就会面临被淘汰的窘境。社会的发展争分夺秒，作为社会的成员之一，每个人都没有止步不前的权利，因为不进则退。很多时候，与其被动地等着被淘汰，我们不如主动学习，充实自己，主动出击。这样一来，才能更加从容地应对改变的到来。

孙勇是一名小学教师，在家乡的小县城工作。近年来，教育行业不断创新，孙勇作为教学系统的创新楷模，最近不但升任副校长，还获得了出国学习的机会。

很多老师私底下议论纷纷，说孙勇肯定是有亲戚在教育系统工作，所以才能从名不见经传一下子就爬到了副校长的岗位上。其实，孙勇的父母都是农民，孙勇之所以能有今天的成就，完全是因为他主动求变的精神。

早在读大学期间，孙勇就开始接触很多教育杂志。这些杂志上面有最新的教育资讯，包括对整个教育行业的探讨和探索的一些论文。对于这些，孙勇常常思考。因为传统的教育模式已经跟不上时代的变化，那么，他以后将会是一名小学教师，就要从娃娃开始调整思路。毕业之后，孙勇在工作过程中经常贯穿一些自己的新想法，在他的精心教育下，班级里的孩子们的确形成了创新的思维模式。再说说教学方法，孙勇一直在摸索新的教学方法。以前，老师只顾着教，学生只顾着学，教学过程中很少进行沟通和互动。而孙勇在课堂上极大地调动了学生的积极性，利用新媒体，把自己退出课堂，只作为学生的引路人。有一次，他用这种模式上了一节公开课，引起了很多教师的讨论。在探索的道路上，孙勇从未停止。因此，当教育系统开始发文调整教育思路，改变传统教学模式时，孙勇早已抢先一步。在缺少榜样和典型的时候，他理所当然被确立为教师们学习的楷模。就是这样的一个契机，被孙勇抓住了，从而改变了自己的命运。

如果孙勇一直没有为创新教育做准备，他就无法抓住这个千载难逢的好机会，把自己展示在众人面前。他的成功，是因为在别的教师浑浑噩噩混日子的时候，他就已经开始主动求变。所以，他才能牢牢把握自己的命运，为自己争取到更开阔的人生舞台。

第 05 章

即使命运坎坷，也要努力上进

越努力，越能获得更多的选择机会

为什么很多人都说越努力越幸运呢？因为每个人都有无限的潜能，只有把潜能激发出来，让自己变得更加优秀和强大，才能让自己拥有更多的选择。也许有人会说，选择太多并不是一件好事情，因为过多的选择会诱发人的选择恐惧症，使人不知道如何才能在短时间内作出决策。那么，若一个人被生活逼迫到无路可走，眼前只有一条路，难道就很好选择吗？没有人能够保证当生活进行到如此局促的状态时所面对的那条路还是不是自己想要走的路，还是不是自己想要得到的选项。显而易见，唯一的选择就是最好的选择，这样的巧合出现的概率是很小的。为此，宁愿选择多一点，也不要让自己被生活逼迫着前行。

如何才能开拓人生的天地，让自己的选择变得越来越多呢？很多人都说只有努力才能创造奇迹，其实在创造奇迹之前，努力会给我们创造更多的机会，也使我们拥有更多的选择项。人生之中从未有平白而来的成功，也没有一蹴而就的好事情，只有努力，我们才能突破和超越自我，才能在做很多事情的时候激发出自身的潜能。其实，人都是被逼出来的，古人说“生于忧患，死于安乐”，很有道理。在安逸的环境中，人们总是对于自己拥有的一切感到满足，也不愿意去改变。而在忧患的环境中，人们则对于自己的现状很不满意，为此他们最想做的事情就是打破现状，改变现状，重塑自我。也许是让人忧患的现状给了人们无穷的勇气和力量，所以很多生活不如意的人反而有更加决绝的勇气和更加强大的爆发力。因此，朋友们，不要总是抱怨自己对于人生选择的权利太少，而应意识到唯有在人生的道路上不断努力，奋勇向前，才能够欣赏到更多的美景，才能竭尽全力把一切做得更好。

自从进入大学的第一天开始，安然和若薇就开始了截然不同的生活。她们在高中就是好朋友，并如愿以偿考入同一所大学，但是对于大学生活怎么过，安然和若薇有不同的设想。安然认为，高中三年那么辛苦，大学终于可以放松一下。若薇觉得，高中三年已经苦过来了，大学也要辛苦一些，才能让自己学到真知识，才能让自己的未来有更好的发展，将来找工作也会容易很多。为此自从进入大学，安然就每天玩玩乐乐，对于学习完全抱着敷衍了事的态度。而若薇呢，则和高中时代一样保持着好习惯，每天早晨起来跑步、晨读，每天晚上都会在教室上晚自习，或者去阅览室、图书馆读书。有的时候，安然也会嘲笑若薇是苦行僧，若薇总是笑着对安然说："越努力，越幸运，我和你不一样，你的家就在城市里，我家是农村的，所以我只能靠自己。"

越是美好的时光越是过得飞快，转眼之间，安然和若薇已经开始读大四。其实，若薇从大三开始就在筹备考研的事情，而安然则是到了大四才从梦中惊醒，发现身边居然有这么多同学要考研。安然慌了神，这才开始四处打听考研的具体问题。对此，若薇给了安然最全面的解答。看着若薇如同考研专家一样把很多考研的注意事项娓娓道来，安然情不自禁地对着若薇竖起了大拇指。第一年，若薇就考上了研究生，而安然落选。到了第二年，安然还是落选，不免觉得心灰意冷，决定去找工作。然而，安然的整个大学都是在吃喝玩乐中度过的，不但学习成绩不够优秀，而且没有参与社会实践的经验，所以找工作也接连碰壁，好不容易才找到一个前台文秘工作。

又过去一年，若薇研究生即将毕业，还没有通过毕业论文答辩就收到了好几家公司的邀请函。若薇选择了一家自己最喜欢也最有发展前景的公司加入其中，一毕业就如鱼得水，在事业上发展得非常顺利。看到若薇的成就，安然很懊悔：我和你差不多成绩进入大学，然而，从考上大学的第一天开始我就输了。

安然说得没错，她的确输了，不是输在天赋上，也不是输在运气上，而是输给了时间。一个人，把时间用在哪里，哪里就会开花结果。很多时候，我们的坚持努力看起来没有那么明显的效果，只是因为努力的积累还不够而已。从现在开始，我们每天都要努力一点点，这样才能积少成多，为未来的成功做准备，也铺垫基础。

现实生活中，总有些人抱怨命运不公，觉得自己从未得到命运的青睐。殊不知，命运总是公平的，它给一个人关上一扇门，还会为他打开一扇窗。最重要的在于，我们要戒骄戒躁，戒掉对于命运的抱怨，这样才能激发自己的力量，让自己全力以赴地做到最好，坚持获得成功。只有努力，才能有更多的选择，才能有更多成功的可能性，也才能让人生的道路越走越宽。否则，如果人生总是浑浑噩噩，也因为吝啬力气而不愿意付出，那么人生的道路就会越走越窄，直到最终无路可走。不要小看眼下这短暂的努力，时间就像海绵里的水，挤一挤总还是有的，如果我们善于珍惜和利用时间，把时间用于坚持做自己喜欢的事情，最终我们的人生一定会开花结果，收获丰实。

此外还需要注意的是，很多人都抱怨自己已经努力了却没有收到任何效果。实际上，这是因为他们对于努力存在误解，总觉得只要稍微努力一下就会收获很多。努力绝不是百米冲刺，更不是偶然爆发一次就可以获得结果的，而是马拉松长跑，一定要有决心和耐力，且要能够坚持到最后，才能获得相应的名次。当我们学会跑人生的马拉松，当我们把努力的力量源源不断地输送出来时，我们的努力就会生根发芽，在人生之中长成参天大树。

只为成功找办法，不为失败找借口

面对人生中很多艰难的处境，或者看似无法逾越的各种障碍，我们是可以作出选择的，即找办法还是找借口。只为成功找办法，不为失败找借口，这是很多人的口号，但是真正能做到的人则少之又少。面对人生的坎坷与挫折，甚至是很多无法预期的意外和突发情况，很多人在前一刻还豪情万丈，后一刻就会陷入被动的状态之中无法自拔。他们不知道自己怎么做才能更好，也不知道自己的人生如何就变成了此刻这样糟糕的情况，他们整个人都有些昏头涨脑。不得不说，这样迷惘的人生，不但无法超越困难，还会让此刻并不那么糟糕的情况继续恶化。其实，一切都取决于作为人生主角的我们怀着怎样的态度面对命运的一切赐予。

现实生活中，没有任何人的生命会是一帆风顺的，每个人都会遇到各种各样的困难，这些困难或者很小，轻轻松松就能战胜，或者很大，让人拼尽全力也无法解决。真正的强者不仅面对小困难的时候能够战胜困难，即使在面对很大的困难时，他们也能做到坦然自若。最糟糕的是，有一些人天生胆小怯懦，为此在面对人生的很多情况时情不自禁就选择逃避和畏缩的态度。殊不知，逃避也许能够一时躲避困难，却不能让人生永远顺遂如意。若一次又一次逃避，人就会形成条件反射，以后即使想要勇往直前，也根本不可能做到。此外，在人际相处的过程中，如果我们采取逃避的态度，那么一次两次之后，他人就会渐渐地知道我们胆怯的本性，也就会对我们失去信任，不愿意将任何事托付给我们。

曾经有心理学家经过研究发现，大多数人的先天条件相差无几，之所以有的人总是能够获得成功，而有的人总是与失败结缘，不是因为天赋不同，也不是因为面对不同的机遇，更多的是因为面对失败的态度不同。成功者都是非常积极乐观的，而且有着顽强不屈的毅力。哪怕被命运捉弄，哪怕没有得到自己梦寐以求的人生状态，他们也会积极地再次尝试，直到获得成功为止。

例如，爱迪生为了发明电灯，为了找到合适的材料作为灯丝使用，尝试了1000多种材料，进行了7000多次实验，最终才找到在当时最合适的材料用作灯丝。如果他在失败一次之后就气馁，在失败两次或者三次之后就彻底放弃，不再尝试，那么整个世界都会更晚一些才能迎来光明。为此有人说，所谓成功，就是尝试的次数比失败的次数更多一次。与成功者恰恰相反，习惯于失败的人总是非常消极沮丧，他们哪怕得到了命运的善待，也总是对命运怨声载道，一旦有小小的不如意，他们就会马上放弃努力，不愿意再多一次尝试。他们以为这样就能避免失败，殊不知，这只是暂时避免了失败，且让他们彻底地失去了成功的一切可能性。

为此，要想改变失败的气场，转为成功的运气，我们就一定要振奋精神，要始终满怀希望，绝不轻易放弃。记住，生命没有重来的机会，人生也不可能总是一蹴而就。面对人生的各种境遇，我们要有着强大的心，要勇往直前，无所畏惧，努力突破困境。正如一位名人所说，每个人最大的敌人都是自己。既然认清楚这个道理，我们就要努力突破内心的藩篱，让自己可以形成发散性思维，思考问题的时候从多维角度出发，获得更多的收获。

格兰特纳是英国大名鼎鼎的成功学家，他曾经说过："假如你能自己系鞋带，你就可以摘下天上的星星。"任何时候，都不要找借口来让自己慵懒懈怠，而要把更多的时间和精力用于努力工作，这样才能真正地掌控命运，战胜和成就自己。现实生活中，如果我们每个人都能做到只为成功找方法，不为失败找借口，那么我们就会爆发出强大的生命能量，也会在人生中成长更多，收获更多。

即使失败，也决不妥协

有谁的人生之路会是一帆风顺的呢？在我们羡慕他人的光鲜亮丽时，也许他们在背后也曾吃了我们不知道的苦。因而，不要羡慕别人的人生为何顺遂，而抱怨你的人生为何总是充满挫折。正确的做法是，要学会坚强，学会独立面对人生的一切苦难，学会永不放弃，更不妥协。在海明威笔下，老人与大马哈鱼奋战，又与闻到血腥味的鲨鱼奋战，几天几夜没吃没喝没合眼，永不妥协。虽然最终他只带回了大马哈鱼的骨头架子，但是他成功了。

纵观古今中外，没有任何成功者是因为妥协才获得成功的。大多数成功者的人生道路甚至比普通人更加充满坎坷和挫折，但是他们最终之所以能够获得成功，就是因为不妥协的顽强精神。人生，峰回路转所以更美丽，迂回曲折所以更变通。人生的现实，要求我们必须学会面对一切突发和意外的状况。因而，我们可以选择失败，也可以选择坚强不屈地面对。

毋庸置疑，在面对失败时，我们会感到万分失望，但是痛定思痛，总结经验，我们才能踩着失败的阶梯不断进取。倘若就此沉沦，只怕再也没有机会改变现状、掌握命运。任何成功者，都不会以妥协的姿态获得成功。相反，一切的失败者，都是因为妥协和放弃，才最终导致失败。

杰出的音乐家贝多芬在与外界声音隔绝之后，坚持音乐创作并获得了巨大的成功；只受过3年正规教育，被老师认定是一个智力迟钝的学生——爱迪生，在经过不懈的努力之后，他成为了最伟大的发明家之一。失败并不可怕，只要你在失败中不断地积累经验，终究能将失败变成财富。

人生百味，每个人都不可能只尝到甜。从现在开始，让我们更加努力地面对人生的种种磨难和挫折吧。只要我们坚持不懈、永不放弃、迎难而上，就一定能够获得成功，拥有辉煌灿烂的人生。不可否认的是，现代社会的生存压力的确很大，人们也比以往更加焦虑不安。如果我们轻易认输，失败就会成为人生一道永远也迈不过去的坎。相反，如果我们永不妥协，以积极的状态面对磨难，那么我们就能够把失败变成自己走向更高位置的阶梯。不曾从失败中汲取经验和教训的人，也很难感受到成功的喜悦。摆正心态，从现在开始坦然接受失败，并且勇敢地迎难而上吧！只要你不放弃，成功就一定会属于你！

无畏是灵魂的一种杰出力量

我们一直感叹于北大人的成功，但我们不难发现的是，成功的北大人身上都有一个共同点：从来不逃避问题，不畏惧困难，不屈服于恐惧。的确，无畏是灵魂的一种杰出力量，正是靠这种力量，成功者在遇到困境才能以一种平静的心态把持自己，从而控制自己的怯弱，最终战胜困难，走出困境。

成功与胆量有着莫大的关系，有胆量的人才有资格拥有成功。那些在取得了一点成就后就安于现状、求稳的人，最终只能陷于平庸。有胆量，敢于破釜沉舟的人，才会置之死地而后生，实现新的突破。

在北大学子的眼中，他们的名誉校董比尔·盖茨就是有勇气的最佳榜样。

在比尔·盖茨看来，成功的首要因素就是冒险。在任何事业中，把所有的风险都消除掉的话，自然也就把所有成功的机会都消除掉了。他自己的一生当中，最持续一贯的特性就是强烈的冒险天性。他甚至认为，如果一个机会没有伴随着风险，这种机会通常就不值得花心力去尝试。他坚定不移地认为，有冒险才有机会，正是风险使得事业更加充满跌宕起伏的趣味。

我们发现，有很多人，他们刚开始时都满怀理想，但在社会上打拼几年后，越发感到衣食住行等实际需要的重要性。于是，在获得了一份稳定的饭碗之后，他们往往就会在时间的消耗下失去进取的锐气，无奈地满足眼前的一切。

哲人说，自己是自己最大的敌人，人有时最难突破的，就是自身的局限性。这就是为什么我们会发现那些处于困境中的人最终会比那些已经实现温饱的人更有作为。想迈开脚步大干一场，又不舍得抛开自己现有的温饱的保障，如此瞻前顾后，必定无所作为。

据社会学专家预测，未来的社会将会是一个复杂的、充满不确定性的高风险社会，如果人类自由行动的能力总在不断增强的话，那么不确定性也会不断增大。生活中的青少年朋友们，你应该意识到，各种变化已经在我们身边悄然出现，勇敢投身于其中的人也越来越多了，而如果你不积极行动起来、缺乏竞争意识、忧患意识，安于现状、不思进取，还没被惊醒的话，那你就会被时代所抛弃，被那些敢于冒险的人远远甩在后面。敢当第一、充满冒险精神，是每个成功者给我们的启示。

看那些成功者的历史，我们不难发现，他们即使到了山穷水尽的地步也没有失去勇气，他们会选择背水一战。尽管他们也知道前面的路十分艰险，但他们更知道，不冒险就做不到破釜沉舟，没有这一步，人生就是一潭死水，淹没的是一个人的挑战性和创造性。

很多人也深知机遇和风险并存的道理，只是他们一直想寻找一个进可攻退可守的山头。事实上，抱着撤退目的打仗的人，在气势上已先输了一半，最终也难逃随波逐流、混一口粗茶淡饭的结局。

生活中，很多人渴望得到成功，渴望开创自己的事业，但每每考虑到会有失败的可能，他们就退缩了。因为他们怕被扣上愚昧的帽子，怕被别人取笑；他们不敢否认，因为害怕自己的判断失误；他们不敢向别人伸出援手，因为害怕一旦出了事情而被牵连；他们不敢暴露自己的感情，因为害怕自己被别人看穿；他们不敢爱，因为害怕要冒不被爱的风险；他们不敢尝试，因为要冒着失败的风险；他们不敢希望什么，因为他们怕失望……这种可能会遇到的风险，让那些不自信的人们畏首畏尾，举步维艰，他们茫然四顾，不知道自己的出路在何方，殊不知，人生中最大的冒险就是不冒险，畏首畏尾只会让自己的人生不断倒退。

在这个时代，墨守成规、缺乏勇气的人，迟早会被时代所抛弃。处处求稳，时时都给自己留有退路，这是一种看似稳妥却充满潜在危机的生存方式。生活中的人们，你也需要像盖茨一样，勇敢地冒险，勇于尝试，这样，你就有了做成功者的机会。胆量是使人从优秀到卓越最关键的一步。

陷入绝境，也要置之死地而后生

人们常说“置之死地而后生”。为什么生命在“死地”却能“后生”？就是因为“死地”给了人巨大的压力，并由此被转化成了动力。没有这种“死地”的压力，又哪有“后生”的动力？这一点，也向我们证明了困境的激励作用。

实际上，上天对我们每个人都是公平的，为什么有些人能摘得成功的果实，有些人却只能甘于平庸？其中一个很大的原因就在于他们是否有走出困境的毅力。命运在为我们创造机会的同时，也为我们制造了不少“麻烦”。此时，如果倒下了，那么你也就失去了成功的机会；如果你经过挫折、失败的锤炼后变得更加坚强，那么你就是真正的强者。

从小时候开始，她就与别的女孩不同，小儿麻痹症让她不能像其他孩子一样奔跑，就连基本的行走动作，她都完成不了。

因为身体上的缺陷，她极度自卑和忧郁，医生说积极起来、做点运动，是有助于她恢复健康的，但她完全不以为然。时间一天天过去，她慢慢在长大，她越来越自卑，甚至不愿意接触周围的人。但也有个例外的情况，她和她的邻居老人关系很好，这个老人在战争中失去了一只胳膊，但却一直很乐观，也常常给她讲一些故事。

这天，老人用一只胳膊推着她去附近的幼儿园散步，他们被孩子优美而充满童真的歌声打动了。歌曲唱完时，老人说：“多么优美的歌声，我们为他们鼓掌吧！”

听完老人的话，她很吃惊地说：“我的胳膊动不了，而你只有一只胳膊，怎么鼓掌啊？”

老人对她笑了笑，然后用仅有的一只手解开了纽扣，露出胸膛，用手掌拍起了胸膛。

她愣住了，但却知道了一些道理。晚上的时候，她请求父亲帮忙，写下了这样一行字贴在墙上：“一只巴掌也能拍响。”

她被鼓舞了，从那之后，她开始配合医生做运动。这是一个艰苦的过程，但她一直咬牙坚持着。终于，所有的努力开始出现了成效，她有了一点进步。她继续努力着，有时候，当她的父母不在时，她干脆扔掉支架，试着自己走路。

蜕变的过程总是痛苦的，但她有一个信念：一定要和别的孩子一样在草地上走着、跑着……在11岁时，她终于扔掉了支架，她认为自己有更大的潜能，她开始锻炼打篮球并参加田径运动。

1960年，她参加了罗马奥运会女子100米跑决赛，获得了11秒18的出色成绩，在她冲向终点的那一刹那，人们都纷纷站起来为她喝彩，这样一个美国黑人的名字震颤了所有人：威尔玛·鲁道夫。从此，威尔玛·鲁道夫被人们称为当时世界上跑得最快的女人，她共摘取了3枚金牌。

从威尔玛·鲁道夫的故事中，我们每个人其实都应该明白一个道理：任何时候，只要不放弃希望，哪怕只剩下一只胳膊，也可以为自己鼓掌，为生命喝彩。任何时候都不要放弃梦想，要说成功有什么秘诀的话，那就是坚持，坚持，再坚持！

科学家贝佛里奇也曾说过："人们最出色的成就往往是在处于逆境的情况下做出的。思想上的压力，甚至肉体上的痛苦都可能成为精神上的兴奋剂。"因此可以说，挫折是造就人才的一种特殊环境。"自古英雄多磨难"，历史上许多仁人志士在与挫折斗争中作出了不平凡的业绩。因此，渴望成功的人们，任何时候都不要放弃希望，哪怕处于人生的绝境中，只要你抱有希望，就有可能战胜困境。当然，要走出困境，关键还在于我们自己。古语云："自助者，天助之。"把别人的帮助当作希望，往往会处于被动的位置，外界的帮助会使人更加脆弱，自助却使人得到恒久的鼓励。

法国作家巴尔扎克说："挫折就像一块石头，对于弱者来说是绊脚石，让你怯步不前；而对于强者来说却是垫脚石，使你站得更高。”只有抱着崇高的生活目的，树立崇高的人生理想，并自觉地在挫折中磨炼，在挫折中奋起，在挫折中追求的人，才有希望成为生活的强者。

所以，世界上没有任何事情是不可能的，如果你有成就事业的强烈愿望，你已经成功了一半，剩下的就是用你的心去实现它了。

谁也不会随随便便成功

有人说，人生是一次长途跋涉，旅途中常常有曲折和险阻。如果只是抱着希望走一帆风顺之路的心态，恐怕是难以登上人生的制高点的，因为谁的成功都不会手到擒来。在生活中的你也会遇到一些难题，此时，你难免会产生一些焦躁的情绪，但焦躁对于事情的解决毫无帮助，你只有静下心来，才能冷静地思考解决的方法。因此，无论发生什么，你都要记住，一定要有个好心态，不到最后一刻都不要放弃。

美国影视演员克里斯托弗·里夫因在电影《超人》中扮演超人而家喻户晓，但谁也没想到的是，接下来他却遭遇了一场从天而降的大祸。

1995年5月27日，里夫参加了弗吉尼亚的一个马术比赛，谁知中间发生了意外，里夫头部着地，第一及第二颈椎全部折断。长达五天的时间，昏迷中的里夫终于醒过来了，不过医生说，他也不能确定里夫能不能活着离开手术室。

在那段时间里，里夫的人生陷入谷底，他甚至几次想到了轻生。后来，他出院了，他的家人为了能让他心情好点，便用轮椅推着他出门旅行。

有一次，他的家人开车带他出门游玩，当车来到一路盘旋的盘山公路上时，他望着窗外，望得出神，他似乎想到什么，他发现，每当车开到道路尽头的时候，路边就出现一块交通警示牌："前方转弯！"或"注意！急转弯"，这些警示文字赫然出现在他的眼前。然而，只要车开过了弯道，前面就会出现豁然开朗的风景。突然，"前方转弯"这几个大字好像刻在了他的心里，也给了他当头一棒，原来，路不是到了尽头，只是该转弯了。他幡然醒悟，于是，他对家人大喊一声："我要回去，我还有路要走。"

从此以后，他完全改变了以往颓废的生活，他以轮椅代步，当起了导演，他第一部指导的影片就荣获了金球奖；他尝试着用嘴咬着笔写字，他的第一部书《依然是我》一问世就进入了畅销书排行榜。与此同时，他创立了一所瘫痪病人教育资源中心，并当选为全身瘫痪协会理事长。他还四处奔走，举办演唱会，为残障人的福利事业筹募善款，成了一个著名的社会活动家。

美国《时代周刊》报道了克里斯托弗·里夫的事迹。

在这篇文章中，他回顾自己的心路历程时说：“以前，我一直以为自己只能做一位演员；没想到今生我还能做导演、当作家，并成了一名慈善大使。原来，不幸降临的时候，并不是路已到了尽头，而是在提醒你：你该转弯了。”

一次偶然的事件，让原本几乎绝望的克里斯托弗·里夫重新选择了一条人生的路。在这条路上，他同样取得了成功甚至是辉煌。

生活中的你，在追求梦想的过程中，可能也会遇到困难，可能你也会选择放弃。但是，请想一下，如果选择了真正的绝望，向所谓的命运妥协了，你就真的彻底失败了；而如果你选择另外一种心态，那么，只要你没有丧失思考的能力，你就有可能绝处逢生。

然而，失败平庸者多，主要是心态有问题。遇到困难，他们总是挑选容易的倒退之路。“我不行了，我还是退缩吧。”结果陷入失败的深渊。成功者遇到困难，他们能心平气和，并告诉自己：“我要！我能！”“一定有办法。”

当然，这还需要我们培养自己的耐力，要坦然面对任何困难。

日本著名企业家松下幸之助就是个在困难面前不言败的人，正是这一点，使得他成为日本乃至世界商业巨贾。

在曾经谈到商业经营言论中，他提到了如何面对商业不景气的问题，他认为，景气和不景气都是一个过程，从景气到不景气，再到景气，这是经济发展的客观规律。当不景气来临时，更考验了管理者的胆识、能力和勇气，他说，“利用不景气打天下，当大家在不景气下一筹莫展时，你仍有开拓事业的勇气和能力，再不景气过去之后，将来就是你的天下了。”

松下幸之助正是在创业初期利用不景气进行负债经营，添置设备，在渡过困境后才有了更大的发展。

当然，要突破困境，绝对不能消极等待，而要在等待中积极寻找突破口，创造条件去克服困难，从而实现从“山重水复疑无路”到“柳暗花明又一村”。

事实上，人们驾驭生活的能力，是从困境生活中磨砺出来的。和世间任何事件一样，苦难也具有两重性。一方面它是障碍，要排除它必须花费更多的力量和时间；另一方面它又是一种肥料，在解决它的过程中能够使人更好地锻炼提高。

库雷曾说：“许多人的失败都可以归咎于缺乏百折不挠、永不放弃的战斗精神。”的确，我们发现，一些人或满腹经纶或能力超群，但他们却同时拥有一个致命的弱点，那就是缺乏一种抗打击的能力，往往一遇到微不足道的困难与阻力，就立刻裹足不前，没有韧性，遇硬就回、遇难就退、遇险就逃。因此，终其一生，他们只能从事一些平庸的工作。一个人跌倒并不可怕，可怕的是跌倒之后爬不起来，尤其是在多次跌倒以后失去了继续前进的信心和勇气。不管经历多少不幸和挫折，内心依然要火热、镇定和自信，以屡败屡战和永不放弃的精神去应对挫折和困境。这样，你才会不断地强大起来。

第 06 章

你的优秀，是立足世界的核心

修炼竞争力，提升你的价值

这个社会是个竞争的社会，一个人是否有竞争力将决定你在这个社会上处于什么样的位置。一个人是否有竞争力是由他自身的勤奋程度、危机意识、本能、好奇心和定力来决定的。如果不注意这些，一个即使现在能力很强的人，也会被时间淘汰，变得毫无价值，毫无竞争力。

一个年轻人在他的同龄人之间是否有竞争力，一部分取决于他的学历。这不可否认，因为学历代表着你过去付出了多少努力，也因为学历代表着你的学习能力，一个企业中不同学历的人往往处于不同位置，这是社会现实，否认它没有任何意义。当然这是很多人一旦走上社会就无法改变的一部分，就算能够改变，可能也会花费很多的时间和精力。另一部分则取决于自身的努力，自身的努力能够改变很多事情，只有明白你的核心竞争力在哪里，你才可能取得人生的决定性胜利。

怎样加强一个人的竞争力？我觉得应该是因人而异的，每一个人都有不同的天赋，这是人为修炼所不能改变的，就像有的人打麻醉剂无效一样，最重要的就是找出上帝赋予你的那项天赋，并加强修炼这部分的内容，才能塑造你的核心竞争力。怎样寻找出这部分内容呢？通常我们觉得一个人特别容易和人交往，交际能力特别好，可是他自己却不觉得自己有异于他人的禀赋，只觉得很平常。一个人的优点往往是别人才能察觉到的，所以这时候就需要征求周围人的意见，并特别注意自己适合做哪方面的事。事实上，我们的教育设置那么多课程的目的就在于此。

通常情况下，我们要注意自己在以下这几个方面的能力是否超出常人。如果你注意到这种状况，一定要在这方面努力，并且注意训练，就可能比别人高出一筹，比别人更有竞争力。

1. 学习力

学历代表过去，学习力代表将来，将来这个社会是一个信息更替非常迅速的社会。如果你的学习力非常强，那就代表你的头脑能够非常快地整理和接收传到你脑部的信息，并迅速形成一个印象，这样的头脑更适合于在信息高速更替的行业发展，比如IT业。

2. 创造力

不可否认一个人的创造力很大部分是天生的，有的人天生就有创意，能够把所有的想法整合在一起，创造出新的事物。当然，这和想象力有关，但绝不是单纯的想象力，如果你总对事物有新的想法、新的观点，有很多“鬼点子”，那说明你的创造力很不错，这样的人适合在广告业等行业生存。

3. 分析推理能力

思维严谨，分析推理能力和逻辑能力强的人，适合在数学、物理、化学等自然科学方面发展。

4. 财商和情商

这两者不可分割，人际交往能力尤其是到了人生的后半段，几乎是人脉决定了你能赚多少钱，成为怎样的成功人物。这个社会，赚钱已经不仅仅是拥有赚钱的眼光那么简单，有更多的人脉决定你可以让资本运转更快。

5. 影响力

一个人有着怎样的影响力，常常取决于他的自信、自强和挑战精神以及社会责任感。有些人天生就具有领袖素质，他们能够通过自己的气质更快地获得人们的认同和敬畏，感染别人，对别人的思想和行为产生影响。

当你明确自己在哪些方面有优势，就应该不断在你的优势方面加以训练，把它变成你的核心竞争力，才能在你所在的领域保持更强的优势、更强的竞争力。

保持竞争力的方法有很多种，勤奋修炼只不过是其中的一种。如果想一直在某个领域处于领先地位，就要有一定的好奇心和危机意识。好奇心让我们探索更多解决事情的方法，让我们对新方法、新事物、新信息保持最敏锐的触感，让我们不断探索钻研。危机意识，让我们保持警惕，不会怠惰，能够“生于忧患”，时刻保持警醒就等于保持我们竞争的状态，有竞争意识的人将不会落在社会的后面。

竞争力是年轻人的一个强项，对于年轻人来说，青春就是资本，只要敢于挑战，就能拥有更强的竞争力，在社会中拥有自己的一席之位。

经营你的优势，武装你的头脑

经验固然能够使你走向成功的步伐更快一点，但是经验并不是全部，不可能代替能力、信念等，一个年轻人想要走向成功，不能仅仅靠经验。

和那些三十多岁甚至四五十岁的人比，你所具有的这一点经验一点优势都没有，要想在这方面赢过别人就等于痴人说梦。不过这不等于你就没有成功的机会，经验是优势，同样也是桎梏。一个人如果经验丰富就有可能总凭经验做事，忘了创新，思想也会陷入某些条条框框无法摆脱，解决起问题来也总会受“思维定势”的束缚。这样看来有经验本来是好事，但是因为经验陷入直觉和习惯，就是一件可怕的事情了。

励志圣经《羊皮卷》曾经对经验有着如下评价：“经验确实能教给我们很多东西，只是这需要花费太长的时间。等到人们获得智慧的时候，其价值已经随着时间的消逝而减少了。经验和时尚有关，适合某一时代的行为，并不意味着今天仍然行得通。只有原则是持久的……”

那么，我们要追寻的其实就是某些持久的原则，如经营，坚持。年轻人想要获得优势，就要靠经营，经营什么？怎样经营呢？只有明白这些，我们才可能获得更长久、更牢固的优势。

那么年轻人普遍的长处到底在哪里呢？怎样去经营才可能更出色？年轻人想要获得成功，一定要在以下几个方面下功夫，懂得经营最基本的几个方面，你才可能得到最长足的发展，才可能在某些领域获得全面的成功。

首先，知识武装自己的头脑，有句话说得好，“你可以白手起家，却不可能赤手空拳”。这是一个信息大爆炸的社会，知识作为一种资本，将成为你取得成功的最基本手段。一个人没有学历不重要，但是如果没有头脑，那么他将一事无成。无论是从做事过程中吸取经验，还是通过学习充电、深造来获得知识，都必须保证自己有一个“一流的头脑”。头脑专业是优势，头脑灵活也是一个优势。

尽可能在工作之余多看看专业书籍，多了解社会动向，每天都增加一点知识，每天都进步一点点，每天都要学习。投资于自己的头脑，将是这个世界上最合算的投资，它会在日后的事业中让你受益无穷。年轻人一定要勤于学习，经营自己的学习力，经营自己的头脑。

其次，人脉经营，这一点大家都很明白，现在的很多年轻人都特别重视在工作中的人际交往和培养自己的人际关系，需要提醒大家的是不要过于功利。“朋友是人生的一大笔财富”，但并非所有的人际关系都属于“朋友”这一种。能够重情义，“买卖不成仁义在”更好。

再次，经营自己的信念，这一点不好理解，但是人生是需要规划的，这一点想必大家都清楚，能够出色规划自己的职业人生或者说事业人生，一个人才可能走向成功。如果你自己对未来的事情没有一个计划，既没有目标梦想，有没有具体步骤的计划，那么成功只会离你越来越远。所以，经营自己的人生绝对要包括：逐渐在头脑中清醒地构建出自己的未来，规划出自己每一步的战略。

最后，经营自己的习惯，一个人有着怎样的习惯，对于他的人生影响巨大，好的习惯带他走向人生的辉煌，不好的习惯会让他在失败中反复煎熬。想要成功就必须从现在开始就培养自己良好的习惯，包括积极正确的金钱观念、处世观念、成功观念，甚至细小的习惯动作。

一个毫无特色的年轻人凭什么能够脱颖而出，最终超越他的同龄人和比他成熟的那些人。答案就是对自己人生的成功把握、成功经营，只有这样才能够真正成功。经营使你进步，优化你的生活和事业，使你有目标，清醒地活着。只有这样的生活状态，才能使你超越那些迷茫而浑浑噩噩的人。

成熟就是懂得让自己的生活更清醒一些、更理智一些。有明确的目标和企图，明白地过日子，不要得过且过，这就是经营的好处，是一个人成熟的表现。

真正的话语权来自你的优秀

曾几何时，人们做生意根本不会四处宣传，而是仗着自己家的产品品质好，因而“酒香不怕巷子深”，等着顾客盈门。然而，随着时代的发展，虽然质量依然是产品能否畅销的硬性指标，但是营销也已经对产品是否畅销起着关键作用。酒再好，如果只是藏在巷子里，也会无人问津。好产品，除了有好质量和很高的性价比之外，还必须加大力度宣传，才能赢得更多人的认可。其实，人才又何尝不是这个道理呢！

一个人才，如果总是躲藏在角落中等待伯乐来识别自己，那么即使日久天长，忙得不可开交的伯乐也一定很难找到这个角落。我们只有主动展示自己，证明自己的优秀，才会有更多的机会得到伯乐的赏识。尤其是在职场上，很多职场人士抱怨上司不识人才，殊不知，并非上司不识人才，而是因为你隐藏太深，他根本没有机会认识你。尤其是在大公司里，有着那么多的员工，上司怎么可能认识每一位员工呢！不得不说，倘若一个员工工作很久，却始终没有走入上司的视野，那么，不是这位员工的自我推销出现了问题，就是这位员工实在能力平平，毫无可圈可点之处。

现代职场竞争如此激烈，又因为大学教育的普及，大学生也不再像以前那么炙手可热。有很多大学生一毕业就面临失业的状态，就是因为他们没有更好地表现自己。归根结底，学历只是一纸文凭，能力却是口说无凭。我们只有切实证实自身的能力，才能证明自己的优秀，才能在上司面前得到话语权。总而言之，现代职场一切都靠实力说话，朋友们，你们准备好展现自身的实力了吗?

读大学期间，小连是学校里有名的“笑星”，每逢有集会，他都会逗得全校同学哈哈大笑。大学毕业后，小连背井离乡来到遥远的北京打拼，进入一家公司从最基层的工作做起。眼看着到了年底，公司要举办年会，小连突发奇想，决定在这次年会上给大家留下深刻的印象。

在行政文员统计节目名单时，很多和小连一起初入公司的新人都连连推脱，谁也不想出风头，更不想因为自己能力不足而出丑。唯独小连，非但主动报名自己要唱歌，还四处宣扬说到时候一定有惊喜要奉献给大家。结果，小连在年会上不但表演了歌曲，还表演了好几个滑稽的魔术，弄得坐在台下的老总都问：“这是哪个部门的，不当演员可惜了呀！”在别人的介绍下，老总一下子就记住了小连的名字。不得不说，小连的目的达到了。

正当和小连一起进入公司的新人们都对小连的表现不以为然时，小连的机会来了。原来，公司里有一个临时项目，因为去的地方比较艰苦，所以那些老员工都不愿意去。新员工呢，老总又担心他们吃不了苦。也不知道为何，老总突然想起小连，因而说：“就让那个滑稽搞笑的小连去吧，他肯定能待得住。”就这样，小连被分派到那个遥远而又艰苦的工地工作，因为他生性乐观，居然在一年的时间里圆满完成了这个项目。就如同很多管理者在晋升之前要镀金一样，小连一年之后完成项目回来，也得到了上司的提拔，成为项目负责人。对于如此神速的晋升，小连很清楚，这都得益于他在去年的年会上不遗余力地推销自己。

小连以在年会上搞笑的方式给大家留下了深刻的印象，虽然看似与工作搭不上关系，却让老总知道了他的名字。这样一来，说不定哪一天老总脑海中灵光一闪，就想起了小连呢！事实也的确如此，小连正是因为让老总记住了自己的名字，才会被点名去最艰苦的地方接受锤炼。毋庸置疑，付出总是有回报的，小连在付出之后，也理所当然地得到了丰厚的回报。

在现代职场上，人才要想尽早出人头地，必须善于推销自己。尤其是要在关键人物面前展示自己的实力，帮助自己赢得一席之地，这样才能尽可能抓住机遇，发展自己，提高自己，最终成就自己。当然，尽管刚入公司的新人要表现自己，但也不能锋芒毕露，否则就会招人嫉恨，反而起到事与愿违的效果。此外，表现自己的时候不要过于急功近利，要更加自然真诚，这样才能打动人心。

持之以恒地积累，成就人生的辉煌灿烂

滴水穿石，绳锯木断，一直以来，人们都用这两句语言激励自己或者他人坚持不懈，怀着坚韧不拔的毅力，度过人生的坎坷困境，成就人生的辉煌灿烂。遗憾的是，熙熙攘攘的人群中，真正能够获得成功的人是少数，大多数人都在抱怨命运不公平，所以才会被失败纠缠。

归根结底，人生能否如愿以偿，并非只取决于运气，而是取决于人的付出和努力。所谓水沸茶自香，功到自然成。任何时候，我们的点滴付出必须不断积累，持之以恒。在经过持续地积累和沉淀之后，一步一个脚印踏踏实实地走好人生之路。

在这个世界上，绝没有一蹴而就的成功。很多时候，我们看着他人获得成功，却发现自己想要成功，还有很长的路需要走。那么，不要只顾着羡慕他人的成功，我们要做的就是从点点滴滴做起，汇聚涓流成为沧海，才能实现人生的追求，领悟人生的真谛。

很久以前，有个年轻人因为屡屡遭受不顺，心情低落，万念俱灰。看不到人生希望的他来到深山老林中，偶然走进了一座古刹，拜见住持大师。他先是给古刹捐了一些香火钱，然后才问住持大师："大师，我的人生总是充满了坎坷与挫折，简直看不到任何光亮和希望，我都想放弃人生了。"大师听着年轻人的倾诉，沉默不语，最终吩咐身边的小徒弟："施主心怀

善念。你去提一壶温水过来。”很快，小徒弟就提着一壶温水送过来了，住持拿出杯子，拿了一些茶叶放入其中，然后就用温水泡茶，将其摆放在年轻人面前的矮柜上。杯子中冉冉冒出热汽，茶叶却漂浮在上面，不愿意舒展身体沉入杯子底部。看到住持依然默不作声，年轻人终于忍不住，问住持：“请问师父，您为何用温水冲泡茶叶呢？”住持笑而不语，示意年轻人品味茶香。年轻人出于礼貌，端起茶杯喝了一口，却觉得没有任何茶香。因而，他不停地摇头，说：“茶是好茶，可惜用温水，浪费了这撮茶叶。”

住持这时又吩咐小徒弟：“去提一壶滚烫的热水来。”小徒弟领命而去，很快就提着一壶正在沸腾的热水走了回来。住持像之前那样拿出杯子，放入茶叶，然后把沸水缓缓注入茶杯中。果然，在沸水的冲泡下，茶叶不停地舒展身体，在茶杯里沉沉浮浮，很快就绽放出奇异的香味，使人闻之口舌生津。

年轻人正准备端起这杯茶，住持用手势示意他稍等，只见住持再次提起水壶，朝着茶杯中注入沸水。果然，茶叶不停地上下翻滚，年轻人闻到更加浓郁的香味。就这样，住持五次提起水壶，朝着茶杯中注入沸水，杯子才被倒满水。看着晶莹剔透的茶水，年轻人贪婪地嗅着清香的味道，感受着沁人心脾的清爽甘甜。这时，住持再次询问他：“施主，这杯茶和刚才那杯茶所用的茶叶，是完全相同的，觉得如何呢？”年轻人难以置信地摇摇头，说：“一杯是温水，没有茶香，一杯是沸水，满室茶香。”住持点点头说：“的确，水温不同，茶叶的状态也各不相同。温水冲泡的茶叶，茶叶漂浮在上面，根本不可能释放出香气出来。而沸水反复冲泡的茶叶，不停地舒展身体，最终释放自己所有的香气，因此满室生香，使人口舌生津。人生也是如此，简单的冲泡，根本无法释放出人生真谛。我们唯有保持内心的淡然，经受住命运的磨难，才能最终收获圆满的人生。”

水沸茶自香，功到自然成。正如古人所说，“天将降大任于斯人也，必先苦其心志，劳其筋骨，饿其体肤，空乏其身，行拂乱其所为，所以动心忍性，曾益其所不能”。的确，一个人要想成就大器，必须先经受命运的磨难，才能最大限度地发挥自身的积极主动性，从而让自己真金不怕火炼。

朋友们，不管你觉得自己多么无所不能，都要耐下心来认真体察人生的各种境遇，从而最大限度发展自己的人生，成就自己的人生，也让自己获得最美满的人生。

坚持和终身学习，才能避免被社会淘汰

古人云：“天行健，君子以自强不息；地势坤，君子以厚德载物。”这句话告诉我们，一个人要想走向成功，就必须要坚持学习，还要找到正确的方法，做到善于学习。对于现代社

会的每个人而言，学习都已经成为终生的命题。在这个信息大爆炸的时代，知识更新的速度也非常快，导致有很多大学生从一毕业开始，知识就已经落伍了。由此，像几十年前一样凭借着大学中的所学应付工作的局面已经不复存在了，如今的大多数年轻人一旦从大学校园里走出来，就必须马上学习，从而不断充实和更新自己的知识储备。

现实生活中，偏偏有很多年轻人无法意识到学习的重要性，他们觉得学习使人感到痛苦，因而总是贪图享乐，也想稀里糊涂地享受人生。然而，一时的快乐必然要付出人生痛苦的代价，这就是所谓的先甜后苦。明智的年轻人不会在应该拼搏的时候选择安逸，他们很清楚，暂时的努力，是为了将来人生的轻松。因而他们能够认清楚自己的情况，选择积极主动地学习，努力提升和完善自己，也会坚持接受新生事物，让自己获得更大的信息量。这样的人生才是未雨绸缪的人生，也只有这样的人才能做到终身学习，从而避免被时代淘汰。

大名鼎鼎的画家徐悲鸿最擅长画马，在一生之中，他画了成百上千匹马，每一匹马都栩栩如生，姿态各异，也博得了人们的赞赏和喜爱。徐悲鸿为什么能把马画得这么好呢？这与他勤奋努力的学习态度是密不可分的。

在法国留学期间，徐悲鸿除了坚持正常的学习，几乎每天都会去巴黎博物馆。原来，巴黎博物馆里有很多画作和雕塑作品，因而徐悲鸿总是带着纸和笔，去那里进行素描练习。在此期间，他画得最多的还是马。为了节省时间，也为了准确把握马的造型，即使到了中午吃饭的时间，他也绝不放下画笔。他常常只吃一块面包，喝几口白开水，就把一顿饭搪塞过去了。当然，徐悲鸿也深知要想画好马，仅靠单纯的模仿是不可能做到的，必须在学习前人的基础上有所创新，加入自己的思想和情绪，才能最终形成自己的独特风格，让自己笔下的马与众不同。为此，他无论去哪里，只要看到骏马，或者是有特点的马，就一定会驻足观看，有的时候还会跟在马的身后进行持续的、不间断的观察。

凭着如此认真的学习和钻研，徐悲鸿的马画得越来越好。他笔下的马线条明朗，体态强健，灵活稳健，有着灵动的气质，显得很是缥缈。很多看过徐悲鸿奔马图的人，都对那些姿态各异、气势逼人的马印象深刻。最终，徐悲鸿凭着这些活泼灵动、栩栩如生的马，从人才济济的书画界脱颖而出，为自己占据了一席之地。

即使是大画家徐悲鸿，也需要坚持不断地学习，才能最终发挥出自己的真实水平和能力，得到他人的一致认可和赏识。其实，学习的过程就像是攀登台阶，我们只有一步一步踏踏实实地拾级而上，才能最终到达台阶的顶峰，享受一览众山小的美妙滋味。否则，当我们因为各种原因放弃时，我们的进步之路也就戛然而止，人生也会因此而止步不前。

当然，学习是枯燥乏味的，也需要我们付出极大的毅力才能坚持下去。但是细心的人会发现，只要我们坚持学习，总是能够得到意外的收获和惊喜，也会得到命运慷慨的馈赠。诸如，当我们的知识累积到一定程度之后，我们的眼界和心境也会发生改变，曾经对于人和事的看法也都会随之改变。这也是很多人因为知识层次不同，导致交流不畅的原因。通常情况下，人们只能与自己相同层次人进行良好的交流，否则就会有障碍和隔阂。

因而我们唯有不断提高自己的层次，才能让自己进入更高层次的交流中，也结识更多志同道合的朋友。由此可见，当我们觉得自身能力不足时，千万不要放任自己停滞不前。当我们通过学习不断进取，我们不但提高了自身的能力，也把自己的生活和人际圈子提升到了更高的层次，可谓一举两得。

全方位提升自己，形成核心竞争力

曾经有一段时间，核心竞争力成为人们谈论的热点话题，尤其在职场上，人们总是把核心竞争力挂在嘴边，似乎不说核心竞争力的人就落伍了。的确，从职场竞争力的角度而言，核心竞争力是重要的、不容忽视的因素。一个职场人士如果没有核心竞争力，就无法把自己区别于其他的同事，更无法从人才济济的公司里脱颖而出。而所谓的核心竞争力，就是一个人区别于其他人的特殊能力，这种能力就像标签，让当事者和他人不同。

心理学上有一个著名的理论，叫木桶理论。所谓木桶理论，告诉人们一只木桶最终能容纳多少水，并不是取决于木桶的长板，而是取决于短板。的确，哪怕我们再怎么努力，也不可能把水装到长板的位置，因为木桶的短板是有一个倾泻的通道，很快就会把水流光。因为对木桶理论的迷信，在职场上，很多人都开始弥补自己的短板，把自己视为一只木桶，觉得自己如果短板太短，就会限制整个人生的发展。实际上，人不是木桶，这种观点也并不正确。

不可否认，很多时候弱点和不足会限制人的发展，但是并非所有的短板都会影响人的成就。虽然孩子在学习阶段最好不要偏科，那是为了孩子的成长奠定基础。一旦长大成人，术业有专攻的人，往往比面面俱到的人有更大的成就。这就是核心竞争力。人生短暂，光阴易逝，我们不应一味地把宝贵的时间用来弥补不足，如果那个不足不是致命的，也不影响我们的发展，我们为何还要对它耿耿于怀呢！不如集中精力发展自己的长处，从而让自己出类拔萃，获得众人瞩目的成就。这也许才是理智的发展，可以做到有的放矢。

当然，现代职场很多人都意识到核心竞争力的重要作用，但是他们却不能成功发展自己的核心竞争力，一则是因为他们无法客观认识自己，二则是因为他们日常生活的状态过于轻松惬意，导致懈怠成性。所谓由俭入奢易，由奢入俭难。同样的道理，从紧张的生活中抽身，享受安逸，这很容易，但是从安逸的生活却很难一下子进入紧张的状态。所以培养核心竞争力是一个漫长的过程，也需要我们努力坚持下去。当然，前提是我们要客观认知和评价自己，从而才能把一切做到更好。

常言道，生活如同逆水行舟，不进则退。每一个人在人生之中，都不可能一帆风顺，更鲜有天赋异禀。更有心理学家经过研究发现，大多数人在先天条件方面都相差无几，但是人与人之间后天的发展之所以相差迥异，就是因为他们的核心竞争力不同。尤其是现代职场人才济济，新人辈出。我们要想出类拔萃，就必须表现突出，贡献杰出，这样才能如愿以偿地走到老板和上司的视野中，赢得他们的认可和赏识。

从师范学校毕业后，占明回到家乡，进入一所中学工作。因为县里的规定是所有的师范毕业生都要下到农村，所以占明尽管家在县城，但还是被分配到距离县城几十里路的农村。爸爸妈妈很着急，恨不得马上托人找关系把占明调回来，但是占明却胸有成竹，他还告诉爸爸妈妈他有核心竞争力！原来，占明非常擅长计算机，而且文笔特别好。果不其然，才毕业一年多，他的论文就在市里获得了二等奖，而且在公开课上，占明制作的精美课件也使他走入很多领导的视野。渐渐地，占明在教育系统的名气越来越大。没过几年，县城里的一位小学校长就特意邀请占明调到他们学校，并且要让占明当他的助理。此外，教育局的一个领导也对占明“情有独钟”。这位领导经常四处开会，却因为秘书不给力，导致他的发言稿总是无法出彩。有一次，这位领导请占明为他写了一份发言稿，果然赢得了满堂彩。从此以后领导就对占明“情有独钟”，一心一意想让占明当他的秘书。就这样，原本让爸爸妈妈非常头疼的调动问题，在占明强有力的核心竞争力下，轻而易举就解决了。

在这个事例中，占明的核心竞争力就是他擅长计算机，能把课件制作得精美生动，而且他很擅长写作，是个不折不扣的“笔杆子”。众所周知，大多数领导都希望自己身边有个能文能武的人，对于占明这样既能教学，又能兼职担任秘书的才子，他们当然会求贤若渴了。所以在他人那里非常头疼的调动问题，在占明这里轻而易举就解决了。

和小县城的学校工作相比，在大城市，职场竞争更加激烈。要想在现代职场中立足，最重要的就是发展核心竞争力，从而让自己得到他人的另眼相看和衷心佩服。需要注意的是，很多人对于核心竞争力的理解都有失偏颇。一说起核心竞争力，他们就说自己正直善良、勤奋踏实。实际上，这不是核心竞争力，而是做人做事的基本要求。所谓的核心竞争力，就是我们与他人竞争的优势，就是我们区别于他人的与众不同之处。所谓的核心竞争力，要求我们在具备基本品格和素质的基础上，还要表现出自己无可替代的优势。唯有具备真正的核心竞争力，我们在职场上才能如鱼得水，游刃有余。

现代职场，很多人如同任劳任怨的老黄牛一样，数十年如一日地努力付出，非但没有得到领导的认可和赏识，反而被领导忽略，被当成空气，这到底是为什么呢？不是说没有功劳，也有苦劳吗，难道领导没有看到他们的所作所为？当然不是。领导把一切都看在眼里，但是故意视若无睹，就是因为现代职场不但需要埋头苦干，也需要主动创新的精神。所以作为一名现代职场人，要同时具备硬实力和软实力，并且还要全方位提升自己，让自己在人生的道路上不断攀升，最终获得成功。

多一门技艺，多一种成功的可能

在现代社会，每年毕业季，都有很多大学生走出校园，走入社会。因为大学生数量之多，大学生的含金量越来越低，大学生的头衔也不再稀缺，供过于求的局面使大学生不再炙手可热。找工作难使很多家庭都感到非常迷惘，尤其是本身没有文化的父母，在看到孩子大学毕业却找不到工作，或者找到了工作收入还不如农民工多时，他们理所当然地想：上大学没有用，还不如直接挣钱呢！因此，很多农村家庭的孩子初中没读完就辍学，小小年纪就去工厂里做工，不到二十岁就结婚生子，自身生理和心理上的不成熟使得他们的下一代依然成为“悲剧”。

大学无用论，在偏僻的地方已经成为老生常谈。虽然这种观点是完全错误的，暴露出很多知识贫瘠的家庭对于学习的局限认识。但是在现代社会，真的未必只有读大学一条路可走。和几十年前孩子们要想出人头地，尤其是农村孩子必须读大学才能鲤鱼跳龙门不同，现代社会，大学再也不是唯一的教育方式，很多人哪怕走上工作岗位，只要自身有学习的欲望，也可以通过函授、自学或者继续教育等诸多方式，继续完成学业。此外，除了获得高文凭外，我们还要端正对知识的态度，毕竟一纸文凭并不代表高能力。现代社会的很多行业并不迷信文凭，而是要求人才必须有真才实学，必须有特殊的技能。因而我们再也不要盲目地追求文凭。对很多高考落榜的孩子而言，哪怕无缘进入大学校园接受系统的学习，也可以根据自身的情况选择学习和掌握一种技能，这样在未来走入职场的时候，才能有所长。

很多年轻人一方面觉得要努力学习，赢得高学历；另一方面又看到那些没有高学历的同龄人已经开始挣钱，而且有的当了爸爸妈妈，看起来也生活得不错。尤其在农村，这种情况更为普遍。其实，结婚生子是人生大事，完全不需要着急，而唯有在合适的年纪做最该做的事情，未来才能收获美好的生活。所谓一技之长，并不像大学的学习那么系统、结构庞大，而是集中所有精力，专注于对事物的研究，把小小的技能做到极致，也同样能够出人头地。

在任何领域，有一技之长的人都是值得钦佩和敬畏的。细心的朋友们会发现，很多天才其实只是在某个特定的领域有突出的表现，在大多数领域里，他们反而能力不足。例如，举世闻名的画家梵高，他的一生就非常坎坷，但是他的画作却流传千古，让无数人沉迷。我们应该庆幸自己生在这个年代，哪怕考不上大学，挤不过高考的独木桥，也有各种各样的培训学校，可以用短则几个月长则几年的时间，着重培养我们某个方面的能力，让我们术业有专攻，绝不虚度人生。

前文我们说过，现代职场上，每个人都要有核心竞争力，才能立足。当然，这个核心竞争力可以是我们天生就擅长的事情，也可以是我们经过后天培养具备的独特能力。如今健全的教育制度，让每一个有心学习和培养自己的人，都能如愿以偿找到最佳的学习方式和途径。所以所谓的特长，也变成可以后天培养的能力。尤其是现代职场，分工越来越细致，合作越来越密切，我们只需要如同螺丝钉一样做好自己分内的工作，就能成为不可替代的角色。此外，有效的技能还如同纽带一样，帮助我们认识更多和我们同类的朋友，引领我们融入相关的圈子。在与他人相互切磋和学习的过程中，我们必然与他人实现相互促进，共同提升。如此，我们的职业发展也进入良性状态，人生必然更加充实和美好。

常言道，千金在手，不如薄技在身。这是因为哪怕有再多的钱，如果坐吃山空，也必然导致后续乏力。但是如果有一技之长，不管走到哪里，都还可以生活。人们常说“荒年饿不死手艺人”，这也告诉我们即使世事艰难，很多手艺也依然是人们生活的必需，手艺人也是有市场的。孔圣人告诉我们，“吾尝终日不食，终夜不寝，以思，无益，不如学也”，所谓活到老学到老，其实是很有道理的。如果你们现在还没有一技之长，不如赶快学习吧，虽然已经浪费了很多宝贵的时间，但是只要马上开始，总还是为时未晚的。记住：任何一件简单的事情，一旦做到极致，就是巨大的成功。

第 07 章

更快速成功的秘诀，是找到你的目标和榜样

站在巨人的肩膀上，多借鉴成功人士的思维方式

无论从哪个角来说，年轻人都和成功人士有一定的差距。想要短时间就消除这种差距是很难的，毕竟成功人士比我们多打拼了那么多年，社会经验、人脉资源都比我们丰富，他们那独到的眼光、敏锐的洞察力都是长年累月积累的结果。这些虽不是我们一朝一夕就能学会的，但是，我们可以多多借鉴成功人士的思考角度，当我们习惯了像成功人士那样思考问题时，你就会发现那对你来讲也是一笔巨大的财富。

人们成功与否的根源就在于思考的角度。今天我们可以一无所有，但一定要有学习的勇气和自觉；今天我们可以没有眼光，但一定要知道哪些人有眼光，能够跟着他们的眼光走；今天我们可以没有智慧，我们却要有分辨智慧的能力，才能用别人的智慧武装自己；今天我们的头脑可能还不够敏锐，不够发达，但我们一定要有自知之明。思考支配决定，决定影响行动，行动造就结果，也就是说，有怎样的思考，最终就会有怎样的结果。今天贫困的结局，就是过去错误的思考模式造成的。

年轻人要趁着我们的思维方式还未定型的时候，多借鉴成功人士的思维方式，如果我们不能有一种新的正确的思考模式，那么，明天我们将继续过贫穷的日子。所以，没钱的时候

更要学会像富人一样思考，这样才能纠正我们的思考模式，才能让我们的决定、行动都朝着正确的方向前进。

对于年轻人来讲，我们要学会几种思考方式。

1. 我们要有正确的金钱观

金钱并不等同于财富，它只是一种观念。一个人只有拥有了支配金钱的力量，才能变得富有。如果你对金钱有依赖感，你对物质的需求永远大于你可能获得的财富，你赚钱的力量就会变小。金钱只是一种交换媒介，它本身并没有用，它能够为你带来的物品、服务才是有用的。所以，如果一个人的安全感、依赖感全部来自金钱或者为你提供金钱的工作时，你就会变得离不开钱或工作，你就会为钱工作，这就陷入了穷人的思维模式。我们要学会的恰恰是要拥有控制金钱的力量，我们越需要钱，就越缺乏这种力量。如果你意识到“我本身就是有力量的，我的思想观念就是有价值的，即使我变得分文全无，我的身体和思想也能够给我带来足够的财富”，你就拥有了控制金钱的力量，你就能够学会让钱为你赚钱，让观念为你赚钱。即使你目前还处于一穷二白当中，你也会有力量感和满足感，这些就是一生使用不尽的财富。

一个想要变富的人一定要经常说“我需要控制金钱的力量”，而不是说“我需要钱”。正如你需要的不是金子，而是点石成金的方法。

2. 我们要学会积极又理智的思考方式

每一件事物都有它的两面性，我们既要学会从它积极的一面思考，又要尽量避开或者减弱它消极的影响。对于获取财富来说，机会往往都是伴着风险的，穷人通常只看到其中存在的风险或者蕴藏的巨大利益而忘了它的另一面，因此，他们不是因为恐惧不敢行动，就是因为盲目乐观而忘了避祸或中了圈套，被套牢或被欺骗。有钱人对于机会是很看重的，但他们同时也在算计可能的利益值不值得冒风险，并在确定行动之后，设法把风险排除掉或者减弱。

1992年在西班牙巴塞罗那举行了第25届奥运会，一家电器商店在奥运会举办前贴出告示："如果西班牙在本次奥运会上的金牌总数超过10枚，那么，顾客在奥运会期间购买的所有电器都会得到全额退款。"

这个消息一下子在巴塞罗那市造成了轰动，人们纷纷从这家商店购买电器，因为这相当于赢得了一次可以免费获得电器的机会。而如果西班牙没有赢得10枚以上的金牌，一个家庭也总会需要电器的，在哪买价钱都差不多。在奥运会刚刚进行的前几天，西班牙就取得了10金1银的好成绩，人们更是纷纷涌进了这家商店，很多人以为这次这家店一定赔光了。其实，老板早已看到了这次生意蕴藏的巨大机会，但也预料到了这次生意可能遭遇到的巨大风险，因此，他早在贴出告示之前就去保险公司投了专项保险。所以，无论西班牙运动员的表现如何，这家店都稳赚不赔。

大胆地放出了投资，却小心翼翼地为投资上了保险，这就是作为一个有钱人最典型的对待机遇和风险的态度。积极地看待机遇的同时，理智地规避风险就是一个有钱人要做到的事。

3. 我们要正确地理解金钱的价值

同一笔钱，让它发挥的作用越大，用途越广，它能够为你创造的价值就越多。在穷人的观念里，一笔钱只能做一件事，而在富人的观念里，一笔钱，甚至一笔目前还不属于自己的钱就能够为自己做不少的事。

美国船王丹尼尔·洛维格开始创业时一无所有，但他想出了一个借鸡生蛋的好方法。他先向银行贷款买下一艘货船，然后改装成一艘油轮，再把油轮租给一家有信用的石油公司来赚钱。但他在贷款时遇到了难题，银行需要抵押物。丹尼尔和盘托出了自己的计划，并把改装后的油轮租契交给银行，银行只要直接向石油公司收租金就可以了。这样尽管没有抵押物，但银行也没有任何风险，因为改装后的油轮租给的石油公司是极可靠、有信誉的。考虑再三，银行把钱贷给了他，丹尼尔又买下了一艘旧货轮，并成功地改装成了一艘油轮。在这之后，他并没有等待，而是又用这艘船作为抵押，贷款买下另一艘船，进行改装。这样循环往复，当一艘船的租金付清了银行贷款后，以后的租金就归丹尼尔所有了。

在这个例子中，丹尼尔仅仅用了一张租契，就盘活了一笔资金，在油轮运行的同时，又变成了抵押物，丹尼尔不仅为自己挣钱，还为自己盘活了资金。这种一物多用、一钱多用的方式为他创造了价值。如果我们也拥有了这种观念，我们就能够运用仅有的资金和资产创造更大的价值。

年轻的我们现在虽然不可能拥有巨大的财富，但我们可以学着像富人一样思考，无论是获取金钱还是投资运用金钱，我们都要试着用他们的方法为自己创造财富。我们的路还很长，还会碰到很多的问题，同一个问题在不同的人面前会有不同地解决方法，年轻人如果学会了成功人士的思考方式，那么，所有的问题都会完美地解决。

多听听前辈的意见，或许对你会有所启发

年轻人常听前辈说“我过的桥比你走的路还多”，虽然这是他们夸张的说法，但他们经历的的确要比我们经历的多得多，见过的事、懂得的人生道理也比我们多。当年轻人在工作生活中遇到什么困难时，前辈们总会用教育的口吻给你讲些道理。我们经历的年代虽然有差异，但多听听他们的意见对年轻人绝对没有害处，因为他们也经历过年轻人刚步入社会的阶段，体会过我们的感受。所以，当年轻人遇到困难，或者有什么解不开的烦恼时，多听听前辈的意见，这或许对你会有所

启发。

我们对未来的憧憬是美好的，但是残酷的现实总会让我们感到不知所措。我们在生活中寻找自己适合的工作，寻找属于自己的爱情，当我们习惯了不停地向前、不停地寻找的时候，一个突如其来的打击就会让我们束手无策，找不到打破这一局面的突破口。

我们涉世未深，没有足够的能力去把事情解决得完美，那么，这时我们可以向我们的前辈请教，让对方帮你一起分析事情形成的原因，一起讨论解决的办法，前辈会根据自己的经验帮助你认清现实，这样你才能尽可能地将事情解决。

一些年轻人会说，自己的路我们会自己走，不管多难的事情我们自己想办法解决。当然，有这样思想的年轻人是好样的，但是你需要花费多长的时间才能解决问题？解决的结果又会令人满意吗？多向前辈请教不仅能缩短你解决事情的时间，还能提高你的效率，更能让你在其中悟出道理，一举多得，何乐而不为？当我们的白日梦被现实击碎的时候，我们就应该明白在现实中寻找真正属于自己的幸福，寻找属于自己的机会。只有把握好我们拥有的，并用我们现有的资源，不断地博取进步，不断地赢取更多的实力，我们才能够实现自己的梦想。世俗的智慧告诉我们：只有适应现实世界，我们才能够找到人生的解法。

年轻人还要学会利用身边现成的资源，而前辈们就是你身边最好的资源。如果我是一个刚刚步入社会的年轻人，那么父母师长就是我的资源，当我遇到什么困难的时候，他们能帮我一起度过。当然向前辈请教并不是让你依靠前辈，而是利用前辈的经验丰富自己的处世方式，当其他年轻人还在苦苦地寻求解决事情的途径时，我们已经在为自己的命运打拼了；当其他人还在糊里糊涂地生活时，我们已经做出了最适合自己、最合理的规划，并为达成最终的目标而前行了。我们只需要按照自己制定的规划，踏踏实实地走好自己人生的每一步，当到了而立之年时，我们就会比其他人活得更轻松、更从容。面对每一双轻视的眼睛，我们都能够回以最自信的笑容，坦然地告诉他们“十年后比比看”。

我们要知道，一个人的幸福不是来自家庭的优越条件，也不是依靠于他人的施舍，而是来自我们的人生经验，来自自己的努力，意识到这一点非常重要。

现实本来是一种虚无缥缈的东西，但它却影响着每个人的一生。有一句话说得非常好：“现实就是生存、世俗、规则轮流上来抽你的耳光。”我相信这是一个带着不情愿由天真转向现实的人说的。但起码，有一点他说得很对，现实就是生存、世俗加上规则，一种很理智、很程序化、既不美也不浪漫的东西。如果我们早一点运用自己的智慧来化解现实，那么它就是一种规则的美。想象一下，如果我们的世界是按照某些人想象的那样安排，是那样的天真和浪漫，那么又由谁来承担生存的责任呢？我们的世界又会变得怎样混乱呢？

为了我们能在现实生活中活得更加称心如意，我们就要学会在面对困难的时候及时地向前辈请教。我们可以不用完全听他们的话，但是他们的教导我们一定要会选择，留下真的能帮助自己的，让这些生活经验与时俱进，形成我们自己的人生经验，这样，我们才能在彷徨的时候找到属于我们自己的解决办法。

树立榜样，把榜样作为我们的标杆

前文我们说过，一个人要想拥有成就，一定要有明确的目标。而且当目标过于远大导致无法起到激励作用时，我们还应该学会分解目标，让自己通过实现一个一个小目标，最终成功地成就人生。的确，理想决定了我们人生的高度，一个理想远大的人，才能风雨兼程地奔向远方。相反，如果一个人没有理想，或者理想很卑微，那么他必然不可能取得伟大的成就。举个最简单的例子，作为一名学生，如果目标是考取100分，那么很有希望考到95分以上。相反，如果他为自己制订的目标是考取80分，则他很难超过90分。这就是理想的高度与现实之间的差距。尽管有极少数的人能够百分之百地实现理想，但是大部分的理想都会打一个折扣。由此可见，理想对于我们的人生是多么重要。

当然，在分解目标的过程中，我们既可以按照先后分解目标，也可以为自己寻找一个活生生的榜样，从而使其在现实生活和工作中不断地激励我们，也时刻警醒和鞭策我们。和那些缺乏生机与活力的目标相比，这些榜样无疑对我们更能起到激励作用。因为他们都是活生生的人，而且生活的条件以及学习、工作的氛围，都与我们相差无几。由此一来，我们与他们更具可比性。也许有人会说，我就是我，无须和别人比较。的确，每个人都是世界上独一无二的个体，但是在前进的道路上，如同赛跑一样，我们与那些同一起点的人必然有比较。尤其是当我们想要迅速进步的时候，我们更不能被动地等待，而要主动地进步，为自己树立榜样，就是一个很好的方法。

闹闹是一名高三学生，即将进入高考之前的冲刺阶段，但是他的学习却始终不上不下，这让爸爸妈妈非常着急。在和老师进行深入沟通之后，爸爸妈妈采纳了老师的建议，决定对闹闹进行引导。

闹闹和小华是楼上楼下的邻居。小华的学习成绩始终比闹闹排名靠前5名左右。晓雪也和闹闹住在一个小区，而且他们的父母都是同事。之前，爸爸妈妈经常把闹闹和晓雪进行比较，希望闹闹也能和晓雪一样优秀。在老师的建议下，爸爸妈妈不再把闹闹和晓雪比较，而是对闹闹说："闹闹，我们也不要求你和晓雪一样在班级里名列前茅。你能不能稍微努力一把，把成绩提高5名左右。老师说，如果你的成绩和小华差不多，就能顺利考入一本。”闹闹根本不把小华看在眼里，因而不以为然地说：“小华算什么啊，每次考试也就比我多几分。你们等着瞧吧！”就这样，闹闹发愤努力，在两周之后的月考中，居然名次比小华还靠前几名。爸爸妈妈见状喜出望外。妈妈委婉地说：“哎哟，闹闹，看来我们真是低估你了，你的学习能力还是很强的啊，两周提前五六名，简直不可想象。我以为，你要是继续这么努力下去，就能进入班级前15名了呢！”

此时，旗开得胜的闹闹正在兴头上，沉思片刻，说：“我现在是18名，只需要提前3名，就是15名啦。我这次都提前了五六名，我觉得提前3名压力不大。”就这样，闹闹继续努力，在下一次考试中，果然变成15名了。就这样，爸爸妈妈循序渐进，每次都给闹闹提出只要努力就能达到的名次。3个月之后，闹闹的学习成绩居然进入班级前5名，只要稍微努力一些，就能追赶上名列前茅的晓雪了。爸爸妈妈暗自欢喜，终于把晓雪列为闹闹的目标。这次，闹闹没有像平时一样自暴自弃，而是满怀信心地说：“我与晓雪只差两三名，我有信心。”果不其然，闹闹最终居然以和晓雪相差无几的成绩，考入了全国知名的大学。

在这个事例中，爸爸妈妈刚开始以晓雪作为闹闹的榜样，因为闹闹与晓雪相差甚远，所以只能刺激闹闹自暴自弃，丝毫无法对闹闹起到激励的作用。在老师的点拨下，他们意识到应该为闹闹树立通过努力能够超越的榜样，所以帮助闹闹循序渐进地取得进步，最终居然在3个月的时间里成功地追赶上晓雪。

朋友们，一个人的目标越高，他就越是拥有动力不断前进。然而，过高的目标也会让人自暴自弃。聪明的做法就是为自己树立榜样，而且这个榜样的实力应该是我们通过努力就能追赶上的。这样一来，我们才有足够的勇气和坚持不懈的毅力，把榜样作为我们的标杆，从而不断地向着榜样努力，为了超越榜样也坚持提升自己。当我们超越一个又一个的榜样，就像是一级一级地拾级而上，最终一定能够最大限度地挖掘自身的能力，成就最优秀的自己。

找到榜样，督促和鞭策自己勇敢前行

心有多大，舞台就有多大。你为自己树立多么远大的理想，你的人生之路就能走远。理想，决定了人生的高度。为此，人们纷纷树立理想，一个比一个的理想更加高远。然而，需要注意的是，好高骛远的理想因为虚无缥缈，也往往是很难实现的。为了帮助我们完成理想，我们最好为自己树立榜样。当你看着比自己更高的榜样就在以身示范时，你自然会鼓起勇气，督促和鞭策自己勇敢前行。

每个人都需要榜样，因为从榜样身上，你能发掘出很多值得学习的东西。尤其是当你的榜样就在身边时，榜样以身示范的作用更会发扬光大，时刻督促你勇往直前。举个最简单的例子，当孩子在学校里为自己树立榜样之后，他原本很想玩耍，但是看到榜样正在伏案疾书，用功学习，那么他就会收敛自己的贪玩之心，也开始像榜样那样努力学习。这，就是榜样的力量。

如果说理想是人生的方向，那么榜样则是人生的样板。从榜样身上，我们不但可以学习，也可以预见到未来的自己将会是什么样子的，这可比幻想的激励作用更加切实有效。从这个意义上来说，你选定榜样的时刻，也就决定了你进步的速度。当然，榜样的选定也不能一蹴而就。因为过高的榜样非但无法激励我们的进步，反而会让我们产生挫败的感觉。例如，你作为一个普普通通的人，却以大明星作为榜样，你无论如何努力，都觉得无法触摸到成功的边缘。时间久了，你必然会从失望到绝望，直至最终彻底放弃。反之，如果你的榜样只是目前在学习上领先于你的邻居。你在读大专，他在读本科。那么你只要努力一把，大专毕业之后继续读本科，就能让自己得到满足。也许有人会说，如果把榜样树立得过于平凡，就会影响我们的积极进取之心，不利于长期发展。其实不然。如果你很快就达到了榜样的水平，那么你完全可以继续为自己寻找合适的榜样。榜样的树立不可能一劳永逸，你只有不断地树立榜样，才能不断超越自我，就像大闸蟹在成长周期蜕壳一样，在对实现短期目标的满足和对实现长期目标的不满足之间，实现螺旋式上升。

升学之后，豆丁就是初三的学生了，但是他在学习方面始终没有太大的长进，这让爸爸很苦恼。豆丁从小就失去了妈妈，如今和爸爸相依为命，虽然爸爸努力工作挣钱，提高豆丁的生活水平，但是并不能像妈妈那样无微不至地照顾豆丁，因此他们爷俩的关系很紧张。爸爸看着豆丁即将中考，成绩却不理想，心里很着急。思来想去，爸爸想出了一个好办法。

原来，豆丁从小就和萌萌一起长大，和萌萌就像铁哥们儿一样。爸爸专程到学校找老师，恳请老师在班级里开展学习小组，两两配对，把萌萌和豆丁搭配成一组。这样一来，豆丁与萌萌的关系就变得微妙起来，他们不但是玩伴，更是学习上的陪伴，还是互相竞争、你追我赶的关系。果不其然，在第一次月考中，原本成绩排名中上等的萌萌，前进了两个名次。而学习很差的豆丁，反而还倒退了一个名次。看到排名之后，老师特意点名说豆丁和萌萌的学习小组效率很低，需要努力了。

放学之后，萌萌埋怨豆丁：“你啊你啊，要不是你拖后腿，咱们怎么可能被批评呢！这下好了，我所有的努力都被你抹杀了。下次，如果你再这样，我就不和你一组了！”听了萌萌的话，豆丁羞愧极了。他满脸通红地说：“放心吧，从现在开始，我就把你作为我的榜样，我每次都要提高三名，最后超越你。”从此之后，豆丁果然激发出了浓厚的学习兴趣，甚至连每天晚上必看的科幻节目，都暂停了。经过又一个月的努力，在月考中，豆丁居然前进了六个名次。萌萌呢，也前进了一个名次。看到这样的结果，老师也发自内心地高兴，当着全班同学的面表扬了豆丁，并且号召大家都向豆丁、萌萌学习呢！相信如此良性循环之后，豆丁和萌萌在学习上都会有很大的进步。

在学习上，为自己树立一个榜样，并且以榜样为目标，一定会使学习效果成倍增长。所谓活到老，学到老，追求永无止境，这在现代社会真的是至理名言。那么，在进步的过程中，当我们感到迷惘的时候，当我们感到力不从心的时候，不如为自己选择一个榜样吧。在榜样的以身示范下，相信我们一定能够更快地进步和成长。

找到使命，为了自己的使命而奋斗

人们常说：“思想有多远，就能走多远。”这句话虽然有点夸张，却道出了思想对行动的指导作用。同样，在习惯的培养上，我们能否成功，关键也取决于我们的思想，如果你是个使命感强的人，你希望自己活得伟大，那么对于当下的行动，你就有自控意识，就能坚持不懈地努力。因此，我们每个人都应该找到自己的使命，制订出明确的目标，并为实现自己的目标而奋斗。

除了天分，日本著名指挥家小泽征尔拥有更多的是勤奋。日本作曲家武满彻曾经在小泽寓所住过一段时间，目睹了大师的勤奋，他说："每天清晨4点钟，小泽屋里就亮起了灯，他开始读总谱。真没想到，他是如此用功。"原来，小泽从青年时代就养成晨读的习惯，一直坚持到今天。"我是世界上起床最早的人之一，当太阳升起的时候，我通常已经读了至少两个小时的总谱或书。"小泽这样说。

正是因为如此，在一次演出中，小泽征尔以敏锐的洞察力听出了乐谱的错误，并敢于向在场的权威人士质疑，成功在比赛中胜出。

的确，伟大的成功和辛勤的劳动是成正比的，有一分劳动就有一分收获，日积月累，奇迹就可以创造出来。这是绝对的真理。只有勤奋工作才是最高尚的，才能给人带来真正的幸福和乐趣。勤奋是通往荣誉圣殿的必经之路。那么，小泽征尔为什么会如此用功？他是怎么养成勤奋学习的习惯的？可以说，他的动力来自他对音乐的热爱和追求。

因此，生活中的人们，如果你还在浑浑噩噩地生活着，还在感叹自己无法改掉某些恶习时，那么，你不妨也为自己找个伟大的目标吧。它能使你摆脱空谈主义，能帮助你挖掘身体的所有潜能，能帮助你克服很多阻力。

很多年前，在美国有个叫史蒂文的残疾人，和很多残疾人一样，他的残疾是后天不幸所致。不能正常行走的他，陷入极度的恐惧和无助之中，他也学会了喝酒度日。就这样，20年过去了，但这一切又在另外一场意外中改变了。

有一天，他和往常一样，从酒馆出来，照常坐轮椅回家，却碰上了一群连残疾人都不放过的劫匪，这群劫匪早就盯上了他的钱包。

当他的钱包被抢后，他拼命呐喊，试图找到一个能够帮助他的人，但这群劫匪在听到他的呼喊后，居然萌生了要杀人的念头，他们放火烧他的轮椅。轮椅很快燃烧起来，求生的欲望让史蒂文忘记了自己的双腿不能行走，他立即从轮椅上站起来，一口气跑了一条街。事后，史蒂文说："如果当时我不逃，就必然被烧伤，甚至被烧死。我忘了一切，一跃而起，拼命逃走。当我终于停下脚步后，才发现自己竟然会走了。"

现在，史蒂文已经找到了一份工作，他身体健康，与正常人一样行走，并到处旅游。

信念的力量是无穷的，大自然赐给每个人以巨大的潜能，但由于没有进行各种训练，每个人的潜能从没得到过淋漓尽致的发挥。人的潜能往往就是通过强力激发出来的。

爱默生告诫我们："人总归是要长大的。天地如此广阔，世界如此美好，等待你们的不仅仅是需要一对幻想的翅膀，更需要一双踏踏实实的脚！"任何人的成功都是点滴的进步。但反过来，任何思维和行为上的进步也需要梦想的指引。因此，从现在起，你只需树立一个正确的理念，调动你所有的潜能并加以运用，便能带你脱离平庸的人群，步入精英的行列！

我们都渴望成功，但成功并不是一蹴而就的，没有人能随随便便成功，成功者必须有良好的行为习惯和严谨的工作作风、勤奋的学习态度等。不付出努力，同时又想把蛋糕做大，这是不可能的。同时，成功的理念、梦想、使命感都能对我们的行为起到指引和约束作用，因此，我们有必要为自己树立一个伟大的行为目标，并制订一个可行的计划，那么，我们就获得了持久的动力。

超越你的榜样，就一定能够获得更大的成功

任何梦想都是一个长期目标，在这样的目标的指引下，我们能保证大方向的正确。但是过于长期的目标无疑会使人们感到疲劳，毕竟长期目标并非一朝一夕间就能实现的，就像漫长的旅途容易使人感到劳累一样，过久的拼搏奋斗却没有激励因素，同样会让人感到疲惫不堪。为此，很多人都把长期目标进行分解，使其成为若干个短期目标。当这些短期目标达到之后，人们就会感受到成功的喜悦，也会因此变得更加自信。

其实，除了分解目标之外，还可以采取为自己树立榜样的方式激励自己。尤其是当榜样为身边熟悉的朋友或者同事，

甚至是兄弟姐妹时，我们因为总是能够看到对方，切身感受到对方的成功，也就更容易受到鞭策和激励。而且，因为榜样是有血有肉鲜活的生命，所以榜样不但可以激励我们努力进取、寻求超越，还可以成为我们学习的对象。所谓青出于蓝而胜于蓝，当我们真正做到这一点，一定会感受到巨大的成功的喜悦。毋庸置疑，超越成功者，我们就一定能够获得更大的成功。换言之，我们也只有获得比成功者更大的成功，才有可能超越作为榜样的成功者。

现实生活中，有很多人都做着白日梦，幻想着自己有一天一定能够变得非常伟大。实际上，一味地做白日梦并不能帮助我们实现理想，真正切实有效的方法是从熟悉的人中找一个人作为自己的目标，等到超越他之后，再重新确立一个更优秀的人作为自己的目标。如此一个一个优秀者挑战下来，你会发现自己就像上台阶一样，已经不知不觉进步了很多，人生也发生了翻天覆地的变化。

已经升入高三的小雨最近才意识到要努力学习了，因为再不努力，就真的考不上大学了。

如何才能迅速取得进步呢？成绩在班级里处于中下水平的小雨有些摸不着头脑，也貌似找不准方向。思来想去，她决定就从同桌入手。原来，每次考试，同桌的排名都比小雨靠前五六名的样子。小雨认为自己尽管求胜心切，但是心急吃不了热豆腐，也不能急于求成。

就这样，尽管小雨的目标是成为班级的尖子生，但是她却先把同桌看成了榜样和对手。经过一个月的刻苦努力，在月考中，小雨的名次果然超过了同桌，甚至还比同桌靠前一名呢！这个小小的成功让小雨非常高兴，也因而对自己更有信心了。接下来，她把坐在前排的娜娜定为目标。娜娜的成绩在班级的60个人中，排名30左右。如此一来，小雨相当于在下一次考试中还要提高五名。

确定目标之后，小雨继续努力，也因为提高五名并不需要过多的分数，所以她并不担心，不过她也没有放松，还是每天早晨都早起背诵英语单词，朗读英语课文。果不其然，英语的进步很大，小雨的总分居然上升了八个名次。接下来的时间里，她把目标定位班级排名20的小风，只需要再进步两个名次。小雨的目标是精益求精，也许只要少因为粗心错一题，目标就能实现。期中考试时，小雨非常认真细心，居然戒掉了粗心的毛病，如愿以偿地把名次提高了两名。如此循环往复，在高考中，小雨顺利考入班级前五名，进入了梦寐以求的大学。

毋庸置疑，假如小雨在成绩不理想的情况下，想要一步登天地考入班级前五名，这几乎是不可能实现的，反而还会因此给予她巨大的压力，最终导致事与愿违。如此循序渐进，把身边比自己更优秀的同学作为目标去实现、去超越，效果自然事半功倍。此外，小雨还能从一次次的暂时成功中获得信心，从而使自己的提升计划进入良性循环，也给予了她更大的力量。

其实，这种超越成功者的方法不仅适用于学习，也适用于人生中的方方面面。例如在职场上，我们不可能从一个普通职员一跃成为高层管理者，所谓饭要一口一口地吃，路要一步一步地走。当我们处于公司基层时，千万不要这山望着那山高，更不要眼高手低，唯有脚踏实地地勤奋工作，让自己一个台阶一个台阶地往上攀登，才能最终实现人生目标，也才能完成自己的梦想。

现代职场竞争异常激烈，每个人都要靠自己的实力才能得到长足的发展。假如我们一味地沉浸在对美好未来的幻想中，甚至把目标定得过高且不切实际，我们的自信心就会备受打击，导致事与愿违。那些成功人士都有自身的独特之处，我们可以学习他们的成功经验，却不能盲目照搬他们的成功模式。东施效颦只会贻笑大方，如果走错了人生道路，一定会追悔莫及。所以我们最需要做的就是向成功者学习，为自己的人生提供无限的可能性。

像成功者一样思考，你也能成功

西方国家有句谚语，意思是说一个人如果想要成为某个样子，就要先把自己打扮成那个样子。这样一来，渐渐地他就会真的变成那个样子。细心的朋友们会发现，在我们心情不好的时候，假如我们假装非常高兴，对着镜子微笑，那么我们就会变得越来越快乐，最终真正拥有好心情。从心理学的角度而言，这就是积极暗示的作用。

在现代社会的商场上和职场上，不管我们是自己开创事业的老板，还是给老板打工的职员，要想得到他人的刮目相看，要想让自己真正走向成功，得到他人的认可和尊重，我们首先必须让自己变得“像个成功人士”。这样一来，我们不但能够增强自信，也能帮助他人树立对我们的信心。

小敏高考落榜之后，就跟随同村的小姐妹，去了广州的一家服装厂打工。每天三班倒的流水作业，使得刚刚走出校园的小敏感到非常劳累，她已经受够了这样的日子，再也不想继续这样的生活。此时，她开始想念无忧无虑的校园生活。当看到设计师来到车间里查看工作情况时，小敏更是羡慕不已：“假如我也能成为一名设计师，就能够彻底改变现在的命运，也能够得到其他女工的羡慕”。这么想了之后，小敏开始对服装设计感兴趣。

她先是临摹设计师废弃的图纸，随后再加入自己的一些小心思、小细节。由于刚开始没有美术功底，所以小敏的设计图简直难看极了。后来，小敏不断地勤学苦练，每到周六日，她还会去那些高档的商场里多看时装，因而越来越有灵感，绘画的本领也渐渐提高。对此，很多同来的小姐妹都劝说小敏不要不切实际，她们已经认定了自己一生之中都会是一个缝纫工人。然而，小敏对此不以为然。每当闲暇时，她还会主动去设计师的办公室，为设计师们打水、扫地、清理垃圾，做各种各样的杂活。就这样，小敏得到了很多设计师的喜爱和欢迎，他们也都很愿意尽举手之劳，帮助小敏指点作品。一年多之后，一个设计师告诉小敏有个业余服装设计大赛，小敏马上找出自己最得意的作品参加。结果，小敏居然得了一等奖，有很多服装公司都闻讯赶来收购她的创意。这时，小敏把图纸奉献给了自己所在的服装厂。不久之后，她不但得到了一笔奖金，还被调动到设计部担任设计师呢！

小敏实现了自己的目标，这一切都是因为她总是竭尽所能地表现得像一个设计师，也真正把自己当作设计师提出要求。

小敏先是像一个设计师，再到真正变成一个设计师，期间经历了漫长的过程。当然，她必然面对很多难题，但是她从未放弃过。正因为她始终像设计师一样要求自己，才能在前进的路上不断获得进步。其实，很多人之所以获得成功，也恰恰是因为他们始终把自己当成是成功者，并且真正做到像成功者那样要求自己。

需要注意的是，让自己真的像一个成功者，远远不止表面形象的打造，还包括言谈举止、内在涵养等。在强烈的心理暗示和心理作用下，我们会渐渐变得越来越像成功者，直到我们真的成为成功者。把这个心理作用运用到他人身上，我们也能成功改变他人。例如，聪明人想要他人改变时，从不会对他人颐指气使，而是非常真诚友善地表扬他人，即便他们还没有达到他的预期，他也会真心诚意地视为他人已经实现了他的预期，因而极尽表扬之能事。在这种情况下，他人必然为了符合他的夸赞，而更加不遗余力地改变自己，使自己更加符合他的期望。这就是赞美的魔力所在。

从现在开始再也不要把自己看成是失败者了。只要你们像真正获得成功那样去说、去做、去想、去要求自己，你们早晚会为自己的进步神速感到惊讶不已。

第 08 章

与自己博弈，敢于自控不放纵

能够抵抗诱惑，就实现了自控的第一步

现实生活中，人与人之间存在博弈，其实，自己与自己之间也是一个博弈的过程，任何事物，其内在也是相互矛盾的。对于我们人类自身来说，向自己挑战就是抵抗的策略，纵容就是合作的策略。根据囚徒困境的理论，我们知道，在一次性博弈中，抵抗是最好的策略，而重复博弈则需要合作。而这一点，却不能被运用到自我博弈中，因为自我博弈是一个无限次的博弈，我们绝不能向那个软弱的、懒惰的、消极的自我妥协，而应该坚决抵抗。否则，纵容自我就等于走向毁灭。

"每次当我想吃巧克力的时候，我就告诉自己，如果我吃了第一块，那么，我绝对会接着吃下去，那么，我前期的努力不就白费了？"

"我减肥的动力是每天照镜子，看到镜子里胖胖的自己，我就有毅力了，我告诉自己，如果你想变美，你就必须要管住自己的嘴。"

"肥胖实在太让人苦恼了，一个胖子很多事情都做不了，每天走路都很吃力，我告诉自己，如果我能坚持下来，就能瘦下来，我一定会活出一个新的人生。"

"我减肥的最初动力是因为一次逛街，那天，我试了件衣

服，无奈，我太胖了，走出店的时候，我听到导购员在小声地议论：‘我们店还真没有她穿的号。’在那一刻，我受到了强烈的打击，我发誓一定要瘦下来。”

……

这就是自我博弈成功后的结果。生命是短暂的，我们每个人都有太多的事情需要做，我们需要健康和轻盈的身体。因此，我们不要总是把精力放在口腹之欲上，但抵制对美食的诱惑、管住自己的嘴巴也并不是件容易的事，需要我们调动自己的意志力、掌握一些心理策略。总之，做到心理战胜嘴巴，我们就实现了自控的第一步。

一个人要追求成功和幸福，就需要有较强的自控力，这是毋庸置疑的，自控力是成功和幸福的助力、保障，同时也是一个人性格坚强与否的重要标志。

一个人的自控心理和自控力如何，直接关系到他在人生路上走得是否平衡，那些有所成就者的一个必备的特质之一就是自控力强。相反，生活中，人们之所以会做那些让自己后悔的事，归结起来，大多是因为自制力薄弱，抵挡不住诱惑，因此做了不该做的事。的确，自控心理能帮助我们抵制很多不良习惯，如懒惰、拖延等；能缓解不良情绪，如冲动、愤怒、消极；能抵御外界形形色色的诱惑等。而如果你无法自我控制，那么，那些不良的行为和情绪就会占据主导地位，从而控制你。那么，你很快就会失去奋斗的激情、学习的动力，甚至会偏离人生的正确的方向，误入歧途。

可见，我们每一个人都应该认识到自控心理对于人生发展的重要性。只有坚决地约束自己、战胜自己，最终才能战胜困难，取得成功。

在我们需要抵抗的诱惑中，有来自名利的，有物质上的，有情感上的，但无论如何，我们只有学会与自己博弈，长期坚持下去，我们的“自制力模式”才会开启。

总之，我们任何一个人都要学会战胜自我、培养自制力，纵容自我只会让我们不断沉沦，闲暇时我们不妨多花点时间看书、学习，不断地充实自己，才能在未来激烈的社会竞争中立于不败之地。

忍耐着痛苦与辛酸，享乐主义者无法成功

生活中，我们常听到这样一句话：“没有人能随随便便成功。”的确，我们不难发现，对于做出一些成就的人来说，他们必定会经受一些磨难，吃尽苦头，然后才能等到出头之日，一鸣惊人。在这个过程中，他不断地忍耐着痛苦与辛酸，精神上的，身体上的，那些痛彻心扉的日子，他们咬着牙，将滴落的血吞进肚子里。有时候，为了完成自己心中的理想，他们可能会需要寄人篱下，甚至遭人白眼、受人讽刺，但他们都

忍耐了过来。在这个过程中，他们放弃的是暂时的享乐。但实际上，他们明白，他们最终会有守得云开见月明的一天，到那时，自己以前所受的所有苦难都是值得的，因为它们已经化作耀眼的成功。

数九寒天，一座城市被围，情况危急。守将决定派一名士兵去河对岸的另一座城市求援。这名士兵马不停蹄地赶到河边的渡口，但却看不到一只船。平时，渡口总会有几只木船摆渡，但是由于兵荒马乱，船夫全都逃难去了。士兵心急如焚，假如过不了河，不仅自己会成为俘虏，就连城市也会落在敌人手里。

太阳落山，夜幕降临。黑暗和寒冷更是加剧了士兵的恐惧与绝望。更糟的是，起了北风，到了半夜，又下起了鹅毛大雪。士兵瑟缩成一团，紧紧抱着战马，借战马的体温取暖。他甚至连抱怨自己命苦的力气都没有了，只有一个声音在他心里重复着：活下来！他暗暗祈求：上天啊，求你再让我活一分钟，求你让我再活一分钟！当他气息奄奄的时候，东方渐渐露出了鱼肚白。

士兵牵着马儿走到河边，惊奇地发现，那条阻挡他前进的大河上面，已经结了一层冰。他试着在河面上走了几步，发现冰冻得非常结实，他完全可以从上面走过去。士兵欣喜若狂，就牵着马从上面轻松地走过了河面。城市就这样得救了，得救于士兵的忍耐和等待。

对成功人士来说，任何委屈都不足以让他心灰意冷，相反更能鼓舞士气，激发起一定要做成大事的欲望。能忍耐的人，能够得到他所要的东西。忍耐即是成功之路，忍耐才能转败为胜。

历史上，勾践灭吴的故事早已家喻户晓，而勾践能做到“卧薪尝胆”就是一种自控力，战败后的他完全可以继续自己享乐的生活，但是他却选择了忍耐，在吴王夫差面前，他饱受百般屈辱，并自称“贱臣”。这样的姿态，比委曲求全更甚，自己所受的侮辱和苦难那不是普通人能承受的，但勾践都一一忍耐了下来。这样的委曲求全，实则是一个计谋，勾践早已经将整个计划运筹帷幄于股掌之间，这才有了后面“勾践灭吴”的故事。

的确，在人生发展的道路上，我们如何选择继续往前走，决定了我们生命的高度。一些人贪图享乐，甚至愿意一条道走到黑，他们浑浑噩噩地度过每一天，在错误的道路上越走越远，甚至在追逐已定目标的道路上逐渐迷失了自己。因此，我们每个人都应该学会正确地定位自己、认清自己，看到自己的价值，然后找准目标，挖掘到自己的内在动力，再朝着正确的方向努力，你就能充分发挥自己的价值。总之，我们要告诫自己，绝不做一个没有追求、漫无目的的享乐主义者！

然而，我们不得不承认的一点是，现代社会，随着物质生活的提高和科学技术的进步，一些人被周围的花花世界所诱惑，一有时间，他们就置身于灯红酒绿的酒吧、歌厅，就连独处时，他们也宁愿把精力放在玩游戏、上网上，时间一长，他们的心再也无法平静了，他们习惯了天天玩乐的生活，再也没有曾经的斗志，最后只能庸庸碌碌地过完一生。

因此，无论何时，我们都要控制自己的“玩”心，享乐只会让我们不断沉沦，闲暇时我们不妨多花点时间看书、学习，不断地充实自己，才能在未来激烈的社会竞争中立于不败之地。

任何一个人，要想有一番作为，就必须学会自控，控制自己的“玩”心、改变自己的享乐主义心理。事实上，那些成功者之所以成功，并不是因为他们喜欢吃苦，而是因为他们深知只有磨炼自己的意志，才能让自己保持奋斗的激情，才能不断进步。

习惯能成就一个人，也能摧毁一个人

亚里士多德曾经说过：“我们每一个人都是由自己一再重复的行为所铸造的。因而优秀不是一种行为，而是一种习惯。”白手起家的富翁们，都是在具备诸多良好的习惯之后，才推动自己有了起家的可能。

有心人也许有这样的发现：成功的人似乎永远都在成功，

仿佛有一种魔力在驱赶着他走向成功；而失败的人似乎永远都在失败，仿佛他天生就注定是个失败者。究竟是什么导致了这种现象的出现？答案是“习惯”在起作用。如果一个人习惯于勤奋，习惯于结交朋友、发现机遇、珍惜时间、果断决策等，他就会成功；如果一个人习惯于懒惰、虚伪、逃避等，他就会一事无成。

就如拿破仑所说，习惯能成就一人，也能摧毁一个人。好习惯是开启成功的钥匙，坏习惯则是一扇向失败敞开的门。人生是一种优胜劣汰的竞争，在追求成功的道路上，良好的习惯常常是获得成功的捷径。

亨利·福特在1903年创办的福特公司是世界第二大汽车制造商，它的名字在汽车行业大名鼎鼎，而亨利·福特的发家更具有传奇色彩。

福特大学毕业后，去一家汽车公司应聘。和他同时应聘的三四个人都比他学历高，当前面几个人面试之后，他觉得自己没有什么希望了。但来了，总得去试试吧。他敲门走进了董事长的办公室，一进办公室，他发现门口地上有一张纸，他弯腰捡了起来，发现这是一张带有污渍的纸，便习惯性地把它扔进了废纸篓里，然后走到董事长的办公桌前，说：“我是来应聘的福特。”董事长说：“很好，很好！福特先生，你已被我们录用了。”福特惊讶地说：“董事长，我觉得前几位都比我好，你怎么把我录用了呢？”董事长说：“福特先生，前面几位的确学历比你高，而且仪表堂堂，但是他们欠缺关注小事的习惯，眼睛只能看见大事，而看不见小事。你的眼睛能看见小事，我认为能看见小事的人，将来自然能看到大事，一个只能看见大事的人，会忽略很多小事，他是不会成功的。所以，我才录用了你。”福特就这样进了这个公司，这个公司不久就扬名天下，而且福特把这个公司改名为“福特公司”。

有人说：“习惯成自然，自然成人生，这里面隐藏着人类本能的奥秘。”好习惯是成功的助力器，良好的习惯能使平庸者成为人才。

失败的人和成功的人之间，有很多共同点，而往往在习惯方面却有很大的差异，正是这些不同造成了他们不同的命运。改掉坏习惯，养成好习惯，你的命运就会大不相同。

富兰克林在青年时期，就坚定养成好习惯的信念。他给自己制订了克服13个坏习惯的计划，取得了意想不到的良好效果。

富兰克林为了保证有更多的时间用于学习，在计划的“程序”一条里，规定自己几点起床，几点吃饭，几点阅读，使生活有条不紊。后来有朋友说他常常表现出骄傲情绪，他又把养成“谦虚”的好习惯列入计划。他每周选出一种缺点进行矫正，每晚必须作自我反省，每天记录自己努力的结果。有时坏习惯没有彻底改变，尚未达到自己理想标准时，就再延长矫正一周，直到好习惯代替坏习惯为止。

在没有登上总统宝座之前，富兰克林有一个很不好的习惯，就是凡事太爱争强好胜，动不动就和别人打嘴皮官司，始终难以跟人相处。这个习惯使富兰克林失去了很多朋友。他觉悟之后，马上就着手改变自己的习惯。他列出了一个清单，把自己个性上那些不良习惯一一写在上面，并且从最致命的不良习惯开始，一直纠正到不足挂齿的小毛病为止。当他把自己的毛病全部改正完毕的时候，良好的习惯已经养成，如去倾听、去赞扬、站在别人立场上想问题、去爱、多付出等，结果，他成了美国历史上最受尊敬和爱戴的总统之一。

坏习惯是通往成功之路的绊脚石，而好习惯则是最有力的推动器。人是一种习惯的动物，也常常习惯之后就不想去改变，一个人不是成为习惯的主人，就会沦为习惯的奴仆。诸多普通人在坏习惯的影响下，人生一直在走下坡路。而诸多成功者，都是建立了良好的习惯而推动自己走向成功。萧伯纳坚持“该先做的事情就先做”的习惯使他成为著名的作家；爱迪生坚持想睡就睡的习惯，保证了他工作时有极高的效率，使思维保持活跃，从而有了一个又一个发明创造；约翰·洛克菲勒坚持工作有张有弛的习惯，使他成为全世界拥有财富最多的人之一。

一个人一旦有了好习惯，那它带给你的收益将是巨大的，而且是超出想象的。行为科学研究表明：一个人的行为大约只有5%是属于非习惯性的，而剩下的95%都是习惯性的。一个人无论做什么，都可能形成习惯。因此，想要白手起家的人，在平时的生活和工作中培养自己成大事的好习惯，是摆脱平庸人生的先决条件，更是促使你的事业快速腾飞的秘诀。

克服惰性，努力让自己变得勤勉起来

当今社会，我们已经认识到时间的重要性，人的一生只有短短几十载，生命是有限的。如果我们浪费时间，工作和生活中总是拖拖拉拉，那么，最终只能白白浪费生命。而假如我们能充分利用自己的时间和精力，勤奋做事，那么，我们绝对可以做出更有价值的事情来。

生活中的你如果是一个懒惰的人，那么你大部分时间都在浪费生命，无所事事。即便是做一件事情，你也是担心这个担心那个，或者找借口推迟行动，结果往往错失了机会和灵感。到了最后，你只能去羡慕那些因为勤奋而获得财富者。

拖沓、懒散的生活和工作态度，对许多人来说已经是一种常态，要想有所成就，我们就应该克服惰性，努力让自己变得勤勉起来。

在现实生活中，有许多人贪图安逸而不愿意吃苦受累，结果，时间长了，就变得懒惰了。懒惰是生活中最大的敌人，许多悲剧的后果都是因懒惰而造成的。命运的好坏完全取决于自己。假如我们选择了勤劳，那我们通过自己的努力一定可以得到幸福，即便只有一点点是自己创造出来的，那也是一种幸福；假如你选择了懒惰，那你将终生和不幸、厄运、灾难成为伙伴，永远会是一个失败者。

在美国底特律，有位叫珍妮的妇女，她曾经很懒惰，很多事都由丈夫做。但在一次意外中，她的丈夫去世了，她不得不扛起家庭的重任。

珍妮必须要支付房租，还有两个孩子要养，面对这样的困境，她必须出去工作，但她只擅长做家务，所以她就选择了家政的工作。上午她将孩子送到学校后，就去为别人料理家务，晚上，孩子们做功课，她还要做一些杂务。就这样，懒惰的习惯渐渐被克服了。

在工作的过程中，珍妮发现，很多职业妇女都有这样的苦恼：没时间料理家务，于是她灵机一动，花了7美元买来清洁用品和印刷传单，为所有需要服务的家庭整理琐碎家务。这项工作需要她付出很多的精力与辛劳，她把料理家务的工作变成了专一技能，后来甚至连大名鼎鼎的麦当劳快餐店也找她代劳。

现在珍妮已经是美国90家家庭服务公司的老板，分公司遍布美国很多个州，雇佣的工人多达8万人。

珍妮的成功事例告诉我们，人们的贫穷大多是由于懒惰、贪图安逸、不愿意奋斗而造成的。假如一个人不愿意奋斗，自甘过着贫穷的生活，那他就永远无法摆脱困境，连上帝也没办法拯救他。

有这样一句话：“世界上能登上金字塔顶的生物只有两种：一种是鹰，一种是蜗牛。不管是天资奇佳的鹰，还是资质平庸的蜗牛，能登上塔尖，极目四望，俯视万里，都离不开两个字——努力。”若是缺少了勤奋的精神，即便是天资奇佳的雄鹰也只能空振双翅；而若是有了勤奋，即便是行动十分不便的蜗牛也可以俯瞰世界。靠着自己的双手去生活，比依赖别人要踏实得多。

那么，该如何克服惰性，让自己变得勤勉呢？

1. 良好的作息习惯

养成良好的作息习惯，早睡早起，作息规律。这一点自不必说，赖床是懒惰之本。最经典的办法——上闹钟。时下有很多创意闹钟，绝对有办法骚扰到你起床。

2. 多运动

多运动，锻炼身体。懒人胖子多，对于胖人来说，懒与不运动绝对是“对等”关系。另外，经常的身体锻炼除了可以拥有健康的体魄，更能使人保持旺盛的精力，从而对懒惰说不。

3. 时间计划

懒人都有拖拉的习惯，往往抱着“明日复明日，明日何其多”的想法。我们应制订详细的计划，将时间规定好，把事情细分化。例如规定一个小时或半个小时内完成某项任务，或者把一件复杂的事情分几步完成，既提高了效率，又很好地解决了懒惰的心理。

4. 积极暗示

懒惰的人中有一些是因为性格内向、不自信等心理状况引起的。他们从不爱、不敢与人接触交流慢慢发展成习惯性地懒得参加参与一些公众活动。这些人可以在房间布置名言警句，给予自己积极的心理暗示。

5. 需要监督

懒惰的人都是缺乏自律的，没有持续的执行能力，即使有一些经验方法计划，也无法改掉懒惰的毛病。这种情况下可以让自己的家人、同学、朋友、同事等帮着监督自己。

6. 换个环境

有条件的话尝试换个生活环境或打破原有的生活规律。刚上学的孩子之所以懒得上作文补习班却对上游泳班很积极；外出旅行时之所以都能做到早起，主要还是由于周围的环境发生了改变。

在这个世界上，有太多懒惰的人，他们不思进取，总想着天上掉馅饼的事情发生在自己身上，最终却被自己的懒惰贻害一生。俗话说："早起的鸟儿有虫吃。"只要自己勤奋，那我们就一定会拼搏出属于自己的一片天空。

那些勤奋的人，从不会抱怨时间不够

现代社会，无论是对于个人还是企业，"效率就是金钱"

绝对不是一句空话。可以说，追求成功，必须追求效率。同样，从古至今，要想成功，就必须惜时。实际上，任何人只要能充分利用好时间，不浪费每一分钟，那么，他必当成才。有些人只是利用好了几年时间，有些人只重视年轻时代，而成功者则尽量利用好每一天，甚至能利用好每一分钟乃至每一秒钟。他们很少有浪费时间的行为，他们的成功实质上就是时间利用上的成功。事实上，那些勤奋的人，从不会抱怨时间不够。

小周是某大型企业的一名员工。高考失利后，他失去了继续读大学的机会，18岁的他就进了现在的这家企业。因为学历的原因，他只能从事最简单的产品装配的工作，但他不甘心。于是，利用上班之余的时间，他拿起了书本，自学了很多与该产品有关的知识，并自考了一些其他课程。

转眼，小周已经工作5年了。这家企业每5年会举办一个大型的青年知识大奖赛，参加这次比赛的人多半是一些高学历的人，但小周还是报名了。他的参赛作品是关于公司生产部门的机器流程改造图。公司高层一见到这幅图，就惊呆了，一个生产流水线上的工人怎么可能会制作出如此让人惊叹的图。于是，他们找来小周，就图纸进行了一番理论讨论，他的说明让在座的领导们都瞠目结舌。“我看你的简历，你只不过是个高中毕业生啊，怎么会……”“是这样的……”

听完小周的叙述，众领导一致表示：“单位的员工要是都有你这样的学习精神，该有多好。”

很快，小周就收到通知，他被升为技术主管，负责他所提出的这一项目的改造工程。

这则职场故事中，我们见证了一个普通员工的升迁过程。员工小周之所以会被领导赏识，在众人中脱颖而出，就在于他能利用空余的时间不断学习、不断完善自己的知识结构，充实了原本知识不足的自己。

人们关于自己的未来总会有很多规划，但当他们未能完成时总向别人推诿：“我最近很忙，根本没有时间。”迟迟不见有行为，但是如果你想有所获得、有所成就，做哪一件事不会耗费时间呢？我们经常看到卓越的人才，举手投足优雅，且写得一手好字，当你在羡慕对方的时候，是否想起对方为了培养仪态、练字又一个人度过了多少沉默时光呢？

那你为什么做不到呢？

1. 没时间是因为你浪费了时间

忙和没时间是最烂的借口，因为每个人的时间都是公平的，之所以会抱怨没时间，不过是因为你在其他事情上浪费了时间。

2. 勤奋是质变的过程

财经作家吴晓波说：“每一件与众不同的绝世好东西，其实都是以无比寂寞的勤奋为前提的，要么是血，要么是汗，要么是大把大把的曼妙青春好时光。”如果我们倾力付出自己的努力，那早晚会从量变到质变，你现在走的每一个脚印，都会成为将来实现人生飞跃的跳板。

人们总会订下许多计划，看书、运动、旅行等，不过常常因没有时间而不得不放弃。难道你的生活真的有那么忙吗？真相到底如何你心知肚明，别总以忙和没时间当借口，那不过是在为自己的懒惰找理由而已。你若坚持努力，就一定会发光，因为时间是所向披靡的武器，聚沙成塔，将人生一切的不可能都变成可能。

克服人性弱点，不断管理和优化自己

王阳明少年时期曾到居庸关去“见世面”，他深深地被大漠风光吸引，回来之后向父亲表达了以几万人马讨平鞑靼的志向，父亲当即批评他太狂傲。之后，王阳明经过一番思考、自省，向父亲承认了自己的错误。因为善于潜修自己，所以他最终成为了一代圣贤。优化自身的最佳途径，就是抵制人性弱点。

一个人，不管他有多么伟大或是多么顽固，都会存在着这样或那样的弱点，有着自己的软肋。一旦这样的弱点被他人击破，那我们自身将难以成功。而现代社会，本来就是一个到处充满着诱惑、陷阱的社会，诸如金钱、美色、名利、地位、情感的诱惑，在人性弱点的延伸下，我们往往会迷失了自己。每个人都有弱点，欲望越多的人弱点也就越多，陷入深渊的可能性也就越大。

在成长的过程中，不断检查自己、反省自己、管理自己，就会减少自己身上的弱点。在未来的行程之中，我们就会少一些心灵上的纷扰，多一些自在。在人生的道路上，我们会面对各种不同的挑战，但是，我们最大的敌人并不是别人，而是自己，我们更要勇于挑战自我。一旦发现自己的某些弱点比较突出，有可能对自己人生造成破坏性影响的时候，一定要紧急刹车，抵制人性弱点，这样我们才能重新上路，走向成功。

对于约翰尼·卡特来说，即使自己的梦想实现了，但是人生的挑战还没有结束，在几年的巡回演出过程中，卡特的身体拖垮了。每天晚上，卡特都需要借助安眠药才能入睡，还需要服用“兴奋剂”来维持第二天的精神状态。逐渐地，卡特沾染上了坏习惯，酗酒、服用催眠镇静药和刺激兴奋药物，坏习惯越来越严重，导致他对自己失去了控制能力，在以后的日子里，他不是在舞台上就是在监狱里。有一次，卡特从一所监狱刑满出狱的时候，一位行政司法长官对他说：“约翰尼·卡特，今天我要把你的钱和药还给你，因为你比别人更明白你能充分自由地选择自己想干的事，这就是你的钱和药，你现在就把这些药片扔掉吧，否则，你就去麻醉自己，毁灭自己，你自己作出选择吧！”卡特一瞬间醒悟了，他选择了生活，他找到了私人医生，痛下决心戒掉坏习惯。医生不太相信他："戒毒瘾比找上帝还难。"卡特决心"一定能找到上帝"，他开始了漫长的戒毒之路，卡特将自己锁在卧室闭门不出，忍受着巨大的痛苦。当时，在卡特面前的有"兴奋剂"的引诱，有奋斗目标的呼唤，卡特选择了奋斗，漫长的9个星期过去了，卡特回归了久违的正常生活。重返舞台后，卡特成了一名著名的灵魂歌手。

一个人想要征服世界，首先要战胜自己。在日常生活中，我们很容易就会陷入自我的泥潭而无法自拔，沾染上一些坏习惯，整个人变得颓废不堪。学坏总是那么容易，而要想学好却是难上加难，为了避免自己一不小心走"下坡路"，我们应该时刻警惕自己的行为，努力走向上坡，然后欣赏别样的风景。

抵制人性的弱点，有效地管理好自己，这当然需要极强的自制力。比如，列宁就是一个自制能力极强的人，他在自学大学课程的时候，为自己安排了严格的作息时间表：每天早餐后自学各门功课；午餐后学习马克思主义理论；晚餐后适当休息一下再读书。本来列宁是很喜欢下棋的，一下起来就痴迷了。后来他感到这太费时间了，毅然戒了棋。当然，这只是一件生活中的小事，但凡事都是从小事开始，如果我们有毅力去改变自己生活中的一些小事，又何必担心不能抵制人性的弱点呢？

哲人说："贪图享乐是厄运的源头，克制好自己的欲望，做好自己的事情，才能平平安安地度过自己的人生之旅。"随时警惕自己的行为，不要让自己踏上贪图享乐之路，无论是欲成大事者，还是一个普通的人，我们都应该学会自制。

要想有所成就，我们就应该忍耐惰性

古人云：“业精于勤，荒于嬉；行成于思，毁于随。”这句话告诉我们：学业由于勤奋而精通，但它却荒废在嬉笑声中，事情由于反复思考而成功，但它却能毁灭于懒懒散散和随随便便。任何人，即使是天才，如果不克服懒惰、做事拖延，最终也会变成一个一事无成的人。

当今社会，我们已经认识到时间的重要性，人的一生，短短几十载，生命是有限的。如果我们浪费时间，工作和生活中总是拖拖拉拉，那么，最终只能白白浪费生命。而假如我们能充分利用自己的时间和精力，勤奋做事，那么，我们绝对可以做出更有价值的事情来。

懒惰总是和拖延狼狈为奸。曾有人问一个懒惰的人：“你一天的活儿是怎么干完的？”这个人回答说：“那很简单，我就把它当作是昨天的活儿。”这就是惰性使然，其实，懒惰的人何止是把昨天的活儿拿到今天来干，有人甚至给那些懒惰的人下定义为：把不愉快或成为负担的事情抛到脑后，把“推迟”这件事当作是生命中的主旋律。

美国前总统威尔逊出身贫寒，这让他还是个襁褓中的婴儿时就已经经受到了贫穷的打磨，为此，在他10岁时，就离开了家去当学徒工，这一工作就是11年，这期间，他每年只能接受大概1个月的学校教育。然而，也就是在这11年期间里，他想尽办法读书，读了1000本好书——这对一个农场里的孩子，是多么艰巨的任务啊！而在离开农场之后，他又选择徒步到160千米之外的马萨诸塞州的内蒂克去学习皮匠手艺。

在他度过了21岁生日后的第一个月，就带着一队人马进入了人迹罕至的大森林，在那里采伐原木。威尔逊每天都是在天际的第一抹曙光出现之前起床，然后就一直辛勤地工作到星星出来时为止。在一个月夜以继日的辛劳努力之后，他获得了6美元的报酬。

就是在这样的穷途困境中，威尔逊暗下决心，不让任何一个发展自我、提升自我的机会溜走。很少有人能像他一样深刻地理解闲暇时光的价值。他像抓住黄金一样紧紧地抓住了零星的时间，不让一分一秒无所作为地从指缝间白白溜走。

12年之后，他在政界脱颖而出，进入了国会，开始了他的政治生涯。

威尔逊是任何一个美国人乃至世界人瞩目的对象，而他的成功，就是勤奋学习的结果。学习是向成功前进的营养元素。而当今社会，竞争的日益激烈告诉每个人，只有知识才能改变命运，只有学习才能突破自我。

当然，真正的成功者并不仅仅是因为勤奋，还因为他们开动了大脑。在当今这个充满机遇的市场竞争下，所考验的就是思维的灵活性。一个人，只有发挥想象力，才能做出他人做不到成就，才能享用财富带来的快乐。

阿尔伯特·哈伯德在美国是个传奇式人物。

他出生于伊利诺伊州的布鲁明顿，哈伯德的父亲既是农场主又是乡村医生。哈伯德曾经供职于巴夫洛公司，工作任务是推销肥皂，但他并不喜欢这样的工作，1892年，哈伯德放弃了自己的事业进入了哈佛大学。随后，未完成学业的他又开始到英国徒步旅行，不久之后，哈伯德在伦敦遇到了威廉·莫瑞斯，并喜欢上了莫瑞斯的艺术与手工业出版社。

哈伯德回到美国后，他试图找到一家出版社来出版自己的那套《短暂的旅行》的自传体丛书，但是，并没有一家出版社愿意给他出这本书，所以他决定自行出版，他创建了罗依科罗斯特出版社，哈伯德的书出版之后，成了既高产又畅销的作家。

随着出版社规模的不断扩大，人们纷纷慕名而来拜访哈伯德，最初游客会在周围的四周住宿，但随着人越来越多，周围的住宿设施已经无法容纳更多的人了，哈伯德特地盖了一座旅馆，在装修旅馆时，哈伯德让工人做了一种简单的直线型家具，而这种家具受到了游客们的喜欢，于是哈伯德开始了家具创造业。公司的业务蒸蒸日上，同时，出版社出版了《菲士利人》和《兄弟》两份月刊，而随后《致加西亚的信》的出版使哈伯德的影响力达到了顶峰。

有人说，阿尔伯特·哈伯德有无比传奇的一生，他之所以能在多方面都能获得成功，不仅因为他勤奋付出，还因为他有着与众不同的思维，他敢于尝试，善于发现他人不曾发现的商机。

在《致加西亚的信》中，阿尔伯特·哈伯德讲述了罗文送信这样的情节：“美国总统将一封信写给加西亚的信交给了罗文，罗文接过信以后，并没有问：‘他在哪里？’而是立即出发。”拖沓、懒散的生活态度，对许多人来说已经是一种常态，要想成为罗文这样的人，我们就应该忍耐惰性，努力让自己变得勤勉起来。

懒惰体现在两个方面，懒惰的思维和懒惰的行为，可以说，懒惰不仅是一个人成功的大敌，而且，它还是我们不良情绪的源头。在充满困难与挫折的人生道路上，懒惰的人过着极为单调的生活，在他们的生活里，只习惯于等、靠、要，从来不想发现、拼搏、创造。最终，他们不仅错过了多姿多彩的生活，而且将一事无成。

总之，一个人成就的大小取决于他做事情的习惯，而克服惰性是做事情的一个重要技巧。我们要想完成既定目标，取得成功，就应该培养勤勉的习惯。一旦养成了这个习惯，“完成目标，马上行动”就会成为一件自然而然的事情。

第 09 章

不懂人情世故，很难更进一步

要想获得机遇，你就要敢于迈出社交的第一步

社交是年轻人在社会中闯荡必须学习的一课。我们要想在社会中有所作为，有所成就，就要靠人与人的相处和交流，良好的社会关系对于年轻人的事业和生活都有不小的帮助。年轻人要明白：社交就像我们穿衣吃饭一样重要，我们不要怕和他人接触，更不要担心在与他人交流的过程中会犯错，我们还年轻，还有的是重来的机会，最重要的是，你要敢于迈出社交的第一步。

当然，年轻的我们在与他人接触的过程中免不了还会带着一丝稚气，但是，你越不敢与人接触，你就越无法摆脱稚气的外衣，只有在社交中你才会慢慢地变得成熟，才会越来越善于交际。

生活中不乏一些因为胆怯而不敢去交际的年轻人。有些年轻人在社交场合表现不出自己应有的水平；而有一些年轻人却在社交中如鱼得水，做得非常好。其中最重要的原因恐怕还是心理因素。只要我们通过锻炼，扫除社交失败的心理障碍，就能够在人际交往中更加轻松自如，也就能够拥有更多的朋友。

年轻人要通过社交为自己多创造一些机会，你要知道，

如果你拒绝了社交，那么你也就拒绝了成功。心理学家指出：“每个人都有交往的需要，但能否达成良好的沟通，关键在于你能否在接触的过程中，让对方产生与你交往的想法，而做到这一点，则需要沟通技巧。它直接影响彼此能否建立稳定的社交关系。”如果一个人因为情绪的原因，产生了在社交场合不敢交往、不愿交往、不能交往的状况，问题就很严重了。心理上的不愿意会让你丧失与人交流沟通的能力，严重者还可能导致自闭，因此必须扫除社交失败的心理障碍。这不仅是为你的社交着想，更重要的是，让你的精神生活更加健康和正常。

年轻人往往是因为在社交过程中把握不好与人交谈的时机，不能找到合适的话题，才让自己对社交产生了一定的恐惧心理。也许是因为太想成功交际，反而让自己产生了紧张情绪，最终影响了正常的交往。

只要我们弄明白自己社交失败的性格原因或者心理原因，就能够很容易地克服它。年轻人经常因为以下几个心理因素而导致社交失败。

1. 自卑心理

由于有严重的自卑心理，一些人在和比自己优秀的人交往时产生障碍。一般表现有两种方式：一种是孤芳自赏，自命清高，不愿与人交往；另一种是有自卑的感觉，不愿意与人接触，总是被动地等待别人的邀请，从不肯主动地表现自己、认识别人以及结交朋友，这种人通常都缺乏自信，总认为自己什么都不行，缺乏交往的信心和勇气。

2. 内向性格

害羞内向的性格会导致一个人把自己的一言一行都束缚在一定的条条框框里，过度地约束自己，致使自己无法充分地表达自己的感情和想法。整个人看起来感觉木讷、沉闷，过于规矩却没有个性，阻碍了人际关系的发展。这种人交往的范围很窄，一般只是一些同事和同学，很少愿意和陌生人交谈和交往，也很少能够有知心朋友，最亲近的人一般就是亲人、从小一起长大的朋友等。这类人的人际关系也许比较和谐，但是交往面却比较窄，尤其在公众场合会更加沉默，甚至手足无措。

3. 自我封闭

有的年轻人会和别人保持严格的距离，游离在人群之外。尤其在面对异性时，这种趋向更为严重。他们经常把自己的真实思想、真实感情掩藏起来，也许在表面上人际关系很好，但事实上，他们只把人脉作为一种工具，没有知心朋友，也不会和别人谈到太深的问题。这种人表面上看来彬彬有礼，实质上却拒人于千里之外，对人冷漠。这种人在社交场合也不会受欢迎。

4. 冷傲孤僻

这样的人通常性格乖僻，让人不能接受，常常孤芳自赏，甚至是盛气凌人，对任何人都存有鄙视的态度，使人感觉他不好亲近，不愿意亲近他。长此以往他就养成了孤僻的性格，而他本人却不认为这是心理缺陷，反而以此为荣，产生了一种

“凤凰不与麻雀为伍”的想法。

其实，年轻人因为社会经验不足，或多或少都会存在一些社交上的困难，不适应是正常的，尤其对于年轻的女性来说，由于缺乏经验而破坏了自己在交往中的形象在所难免，所以不必太过在意。然而，人际关系严重失调或者经常失调的人，往往存在着个性缺陷或者认知错误。年轻人必须找出自己的症结所在并对症下药，才能够成功地进行社交。

想要在社会上取得一定的成功，就要敢于和不同的人交际，年轻人不要因为害怕而拒绝交际，一定要通过适当的心理调节，扫除自己在社交过程中的心理障碍。你要记得，年轻就是你的筹码，不要因为一次的交际失败就产生心理阴影，只要你能重新来过，你就有的是机会。这样才能让自己在成功的道路上进退自如、游刃有余，也能让自己变得更加成熟。

尽快地褪去青涩的外衣，在人际交往中成熟起来

年轻人在进入社会后，都迫不及待地想褪去青涩的外衣，成为别人眼中成熟的人。你要知道，成熟不是一蹴而就的，它需要时间的累积、岁月的磨炼，然而这些都是在人际交往的过程中探索出来的。所以，年轻人想要尽快地褪去青涩的外衣，就要让自己在不断地与人交往中成长起来。

我们都知道，要想在社会中有一定的作为离不开与他人的成功交际。随着我们的成长，我们会面对不同的社会环境，人际环境也开始从简单变得复杂。对于涉世之初的我们来说，有无朋友的帮助，经历和境遇会有很大差别。有人相助的人生旅程是幸福和幸运的，没人相助的人生旅程是孤独寂寞的，谁都想拥有一段值得回忆的人生经历，所以，我们会交不同的朋友，让他们带我们去看不一样的世界。可以说，每一个人眼中的世界都是不一样的，交不同的朋友，可以拓展我们的视野，把我们的生命带到一个更广阔的境界。这是广泛交往的意义，当然有其现实功利的一面，例如，可以在有需要时进行利益交换。

在相互交往、了解的过程中，我们会形成自己的人脉网络，这也会给我们创造出更多的机会。《穷爸爸富爸爸》的作者罗伯特·清崎就是因为结识了同学的父亲，所以才了解到财务自由的重要性和怎样实现它。而他的父母则是教育家，所以，他的人生才会以财务教育为事业。幻想一下，如果他没有结识同学的父亲或者对财务问题根本没有兴趣，没有学到这方面的知识，那么他的视野可能就会小得多，他很可能成为和他的父亲一样的穷教育家，有数不清的债务，而不会成为一个在财务上实现了自由、在教育上也很成功的人士。所以，我们广泛交友的意义就在于此，不同的职业会把我们带向不同的世界，我们要学会相互交融，相互交流，我们的世界才会更广阔，更丰富多彩。

当我们还没有真正迈进社会大门的时候，我们的情感来源、人际来源都是家庭，一般都是父母单向的情感输出，我们习惯了享受父母的爱和付出，很少想到回报。而在学校的教育虽不同于家庭成员之间的交往，但这些毕竟是很单纯的交往，我们彼此不带有敌意，不涉及利益关系，这样的交往是极其简单的，我们只要付出同等的感情，并注意不要伤害到别人，就可以算是成功的交往。

然而，社会交往要比这复杂得多。因为社会交往会涉及利益、竞争，所以，这种彼此交流、沟通、交往之间的目的要复杂得多，手段也会更繁多。我们开始很可能会目不暇接，但最终，我们会在这样的交往中，变得冷静、从容、理智、成熟，最终我们会有一个牢固有效的人际关系网。

那么，年轻人要怎么做才能从日常的人际交往中慢慢变得成熟起来呢？这就要求我们必须彻底地了解一个人，不但了解他的性情、职业、爱好，还要了解他所代表的个人或集团的利益。一个脾气再好的人，也不可能让你触动到他的根本利益或者死穴。我们在了解他性情的过程中，不妨仔细地了解一下他最不能让人触及的部分。例如，家庭、子女或者某些尴尬经历，这样当我们选择交往话题的时候，才能选择比较安全的或者对方乐意提及的话题。而不是一句话令对方感到特别尴尬，以致我们的沟通陷入胶着状态。

年轻人在与人交往之初，总会以自己对他人的第一印象来决定要不要与这个人交往。成熟的人是不会以自己的印象作为愿不愿意和一个人交往的前提的。因为一个人太开放了或者太粗心了或者太内向了、太偏激了、太骄傲了，所以不太想和他交往，这样的事情是常常在年轻人身上发生的。我们既要避免自己的性格里面有不让人欢迎的因素出现，让人和你谈话时有如沐春风的感觉，又要愿意和性格有弱点的人交往。

很多成功人士的性格中都有某种弱点，只要这些弱点不妨碍我们，不危害我们，我们就可以无视这些弱点和他们交往。我们与他人交往的过程，首先是双方互相接受的过程，如果我们只是为了取悦别人而和他交朋友，这样的友谊不但会被对方看不起，而且自己也得不到快乐和任何好处。我们必须要理智地处理彼此之间的关系，把对方当成朋友，把他们放在和自己平等的位置上，而不是无止境地付出和讨好。每个人交往都有他的目的，不是情感上的，就是利益上的。如果我们在情感上让别人感觉到了被尊重的感觉，我们就有必要得到同样的回报或者现实中的帮助，无论是短期还是长久的。如果我们仅付出而不求回报，这样的友情就会变得很不可靠，当你需要帮助时，对方也不可能帮你，因为如果朋友接受你的付出成为一种习惯，那么，不回报你也变成了一种习惯。

年轻人在与人交往的过程中，先要学会冷静地思考，不要仅凭自己一时的冲动就断定对方的好坏。无论是对于朋友的选择还是对于交往方式的选择，我们必须要学会理智面对，只有这样，我们才能让自己客观地认识一个人，才能为自己的人脉网多添一份力，也才能渐渐褪去青涩的外衣，让自己变得成熟起来。

适当曝光自己，让他人看到你的闪光点

年轻人如果自身优势明显，或者能力超群，那么在工作中也不用刻意时时地保持低调，适当地曝光自己，让他人看到你的闪光点，并认可你，这样有助于扩大自己的影响力，为自己今后的成功埋下伏笔。

大多数年轻人在步入社会后都会觉得主动“曝光”自己，是自大的表现，会给他人留下不好的印象，从而断绝和自己来往。其实，这样的想法并没有错，但是你有没有为自己的将来考虑过？你不将自己的优势公之于众，又有多少人真的会“慧眼识英雄”？年轻的你不要有所顾虑，只要你学会“曝光”的技巧，就能为自己争取到更多的机会。

无论是学校、老师、家长，都会告诫我们做人要低调。在你功成名就之后，你不妨做人低调，谦虚谨慎。但在这之前，你却要高调做人，增加自己“曝光”的概率，这是让上司注意到我们的一种方法。很多杰出的人士都很善于“曝光”自己。

唐朝将领薛仁贵每次领兵打仗都要穿一身白色战袍，身背弓箭，手握长刀。白色的战袍非常醒目，增加了他被杀掉的风险，但同时也增加了皇帝看到他的勇猛表现的机会。结果，唐太宗果然注意到了他，并封他为元帅，统领三军。他由此走上自己的人生巅峰。

滔滔不绝的高谈阔论经常引起人们的反感；无所顾忌地谈论自己的目标，会让人误以为浅薄狂妄；不断地提及自己的交往人脉，会让人觉得你好吹嘘。那么，年轻人应该怎样把握好“曝光”自己的时机和“曝光”自己的尺度呢？这就需要你有一定的技巧，掌握一定的要领。

1. 要学会寻找时机

适当的时机才会起到积极的效果，灰姑娘正是利用了王子宴会的时机好好地打扮自己，才获得了王子的青睐。如果她平时就特别注重打扮，以她的美貌非给自己带来杀身之祸不可。找准时机表现自己，才能让自己的影响力不断扩大，否则就会为自己树立不必要的敌人。不要在同事面前刻意地表现自己，那会引起嫉妒，而嫉妒正是人与人之间破坏力最大的情感武器。“曝光”自己的志向和成功欲，最好在遇到了可能的“贵人”时，再表现出来。“曝光”自己的能力，只有在大家都解决不了的事情上去试一试，才能让大家折服。如果大家都在抢一个机遇，这时你“曝光”自己想要去抢，就可能遭到同事的嫉恨，得不到大家的认同，更不用说扩大自己的影响力了。

2. 要把握“曝光”自己的方式

年轻人要以一种有分寸的、含蓄而不张扬的方式去曝光自己。比如说，“我认识你们王总，他是某某的好朋友，我与他有点交情。”还不如说“你是不是某某公司王总的助理，上次我和我们经理去谈事情，他向我们提过你，说你人很上进，帮了他很多忙。”这样既称赞了他，又点明了认识某人的事实，他很可能因为你们俩的交情和上司对他的评价就愿意和你交朋友。而采取第一种说法，他首先就会怀疑你，即使后来验证了那是真的，也会瞧不起你，“不就是认识个官吗，有什么了不起？”从而不愿意和你交往。

3. 要会选择“曝光”自己的方向

年轻人要清楚自己的优势和劣势，曝光自己愿意被别人知道的一面，包括缺点。人人都有缺陷，适时曝光自己的缺点，更容易让人接受你，和你交往。没有缺点的只有圣人和伪君子，大家都不是圣人，如果你不想大家觉得你是伪君子，就要适度地曝光自己的缺点和不擅长的东西。这样大家才会有平衡感，愿意帮助你，和你交往。但要确定自己曝光的缺点不会置自己于死地，否则就会被对手利用。请记住，拥有无关大雅的小缺陷，更容易让人接受，更容易帮你开拓人脉，扩大影响力。

我们处在不同的场合，不同的环境，要采取不同的“曝光”策略。只有适时地主动地曝光你自己，让大家认识到你在各方面的价值，你才能有更大的影响力。让大家看到你的价值，大家才愿意和你交往。当然，其中是要讲究技巧的，只要你不断地总结，总有规律可循。即使你因此得罪了一些人，只要没有伤及他们的实质利益，也不会结下很大的仇怨，一旦你用自己的实力证明了你是值得提拔的、值得结交的，你是有实力站在聚光灯下面的，他们就会反过来羡慕你，佩服你的勇气，更愿意与你结交。

我们都听过一句老话叫作“物以类聚，人以群分”。每个人的社交圈，实际上都是以自己为圆点，以年龄、爱好、经历、知识层次等共同点为半径构成的无数的同心圆。适时地“曝光”自己就等于把自己亮在了大家的眼皮子底下，那些与你有共同点的人就会主动找到你，与你交谈。这也是一种“化被动为主动”的方式，把自己放到聚光灯下，让更多的人看到你，认识你，你才会拥有更多的机会，拥有更多的人脉。

年轻人若想扩大自己的影响力、拓展自己的人脉，就要敢于“曝光”自己。要懂得将自己的价值展示在众人面前，只要你掌握好“曝光”的时机和分寸，就能得到更多的交往机会，积累更多的人脉资源。所以，我们要学会捕捉时机，让大家了解自己，要有“我是值得大家注意的”“我可以交到更多朋友”的自信心，用自己的“主动”为自己的人生迎来更多的机会。

尝试结交不同的朋友，追求人脉的拓展

步入社会之前，年轻人的朋友几乎都是自己平日朝夕相处的同学；步入社会之后，我们要结交不同的朋友，以扩展人脉，发展自己的事业，要知道朋友是社会关系的重新组合。

人一生下来便由父母带着进入一个社会关系圈，交朋友是在努力打破原有的关系圈而组织新的关系圈。建立良好的社交圈子，应尽可能地结交优于自己的人。事实证明，人们往往会遭到伙伴同化，不管这样做是使自己的层次提高了，或是降低了，都摆脱不了这种影响，这种同化效应便是我们常说的“近朱者赤，近墨者黑”，所以，交优秀的朋友可以使我们变得更优秀。但我们也不可能离开那些不如自己的好朋友，最好的方式就是，交往不同的朋友，和不同的朋友保持不同的远近亲疏关系，培养有用的人脉，回避无价值的人际关系。

那么，在工作中我们要以怎样的态度去对待我们在工作中遇到的朋友呢？

1. 学着给自己的朋友分三六九等

这不是说对朋友要区别对待，而是区分知心人、忘年交、可以小心翼翼交往的朋友、必须保持距离的伙伴、只有数面之交的人、对你有企图的异性朋友、只见过一面但神交已久的人、酒肉朋友，聊天的时候，哪些话可以对谁说，不能够对谁说，我们要小心地分清楚。绝对不能够因为在应酬时喝多了

酒，而对酒肉朋友讲你的隐私，也没有必要把自己工作上的烦恼讲给无关紧要的人听。

我们更要注重的是以下几类朋友：

（1）会“警告”你的朋友。这种朋友是你人生的导师。虽然他们有时候会不留情面地批评我们，让我们不太高兴。但他们通常也会看到我们的缺点，给我们的人生事业提很好的建议。正像是贤明的君主一定会有直言劝谏的臣子一样。你越宽容、豁达，就越会有直言的朋友。如果你妄自尊大，听不进不同的意见，这类朋友就会渐渐地远离你。我们要尽量做到“闻过则喜”，这样的朋友才会聚集到我们身边。

（2）事业上的“贵人”。每个成功的人，都离不开来自上层的信任和支持。争取多位领导的共同赏识、信赖和提拔，你才能迅速地成功。“贵人”可能是指某位身居高位的人，也可能是指令你心仪、急欲模仿的对象，他们无论在经验、专长、知识、技能等各方面都比你略胜一筹。因此，他们通常是你的上司、师傅，也可能是教练或者引荐人。我们要多结交这样的比我们优秀、卓越的朋友。

（3）实力相当的对手。交朋友要有弹性，有时候敌人也可能成为朋友。让你的对手欣赏你、钦佩你是一件不容易的事。正大光明地和对手竞争，让对手自叹不如的人大有人在。俗话说“同行是冤家”，但是有很多同行因为市场的激烈竞争而结成了“亲家”。我们平时做人也是这样，只要有了同样的目标，我们就会有合作的机会，如果因为一时的敌对而树立敌手，那么，我们心中的敌意可能会使日后的合作不顺利，处处碍手碍脚。所以，如果没有大的原则分歧，只是利益的不同导致的对立，我们就没有必要把关系闹得太僵。

（4）突然升高热度的朋友。对于这类朋友，我们一定要持小心谨慎的态度。如果我们升职了，就会有很多人对我们突然热络起来；如果我们生活中没有大的变动，更要仔细思考他突然热情高涨的理由。愿意突然升高友情热度的人，通常很可能也是“人走茶凉”的人。对于这类人，我们可以反感，却不能拒绝。最好的做法就是不推不迎、礼尚往来。

2. 对不太熟悉的朋友，我们也要掌握他们的情况

对于那些在应酬场合认识的朋友，我们要根据他们的性格、职业、外貌特征等做一个具体分类的档案。在闲暇时间，我们不妨约他们出来，进行单独的沟通，以加深我们在他们心中的印象。当我们遇到什么麻烦或者需要帮助时，就可以向他们请求小小的帮助，或者请教他们熟悉的行业的状况。

3. 对新朋友要用技巧来看清他们的品格心性，决定他们在我们朋友档案中的等级

首先我们要从别人的议论中，了解一个人，把不同人对他的评价汇集起来，就可以了解这个人的大概；不要听他说什么，而要看他做什么；关键时刻，投其所好，他会不知不觉地把假面具摘掉；用时间来看人，时间是朋友之间不自觉的检验

师，所谓的“路遥知马力，日久见人心”就是这个意思。

我们从一个幼稚的少年，变成通达的成年人，其中一个重要的标志就是我们交友的标准有了很大的改变。我们不再只是任性地结交“志趣相投的朋友”，而是追求人脉的拓展。只有尝试结交不同的朋友，人脉圈变宽广了，我们才能从其中找到可以帮助我们的人，才可以让我们更成熟。

接近更多的优秀人才，更能接近自己的梦想

人们通常把巴结、投靠有权势的人以获取富贵的行为称为“攀龙附凤”。年轻人要明白，攀龙附凤不是件坏事，你如果有能力结交比自己地位高、作为大、有相当社会影响力的人士的话，那么摆在你面前的机会就会越来越多，你也会有主动选择的机会。

年轻的我们离大人物通常是很远的，这种遥远不仅是指位置上的距离，而且包括心理上的距离。由于自卑或者心高气傲，我们通常不愿意同比我们优秀的人交往，更何况是大人物。相同的是，那些人人物也不屑于和我们这些社会经验单薄的年轻人接触，因为这样也会耽误他们与大人物相识的机会。

但是作为年轻人，你要主动出击。首先我们一定要学会平衡自己的心理，把大人物的优秀当成别人的努力结果，而

不是抱着“有钱了不起，我就不稀罕你的钱，我不想和你交往”“我不想因为和你交往被别人看不起”或者“我可不想攀高枝”这种态度来看待大人物。这种人的心态同样是不平和的，为了利用别人而和大人物交往固然不好，但为了不遭某些人的冷眼而和大人物撇清、划清界限，显然也是不明智的。

即使有了一定身份地位的人，也还是需要别人的认同与肯定，否则，他们的价值同样无法确定。所以，我们要抱着一种平和的心态和他们交往，把他们当成平常人，把他们当作朋友，只有这样，我们才能够平静地看待和学习他们身上的优势，从和他们的交往中得到各种显性的或隐性的利益，前者你能够得到更多的朋友，拓展你的人脉；后者，感受他们积极乐观的精神，学到他们身上的优点。

年轻人不要害怕和大人物交往，记住摆正自己的心态。除此之外，还有技巧，一个普普通通的年轻人，认识一个大人物的可能性都不大，又怎么能够奢望和他们交朋友呢？这就要求我们运用一定的技巧，才可能认识他们，成为他们的朋友。

1. 我们要在一个还不错的公司工作

这样，你认识大人物的可能性就会大很多。

2. 要处于公司一个还不错的位置

如果你只是个低级的小职员，上层的酒会聚餐根本不可能轮得到你来参加，你又有什么机会呢？好的位置可以为你制造更多认识大人物的时机。在公共场合认识一个人是最平常不过的，一般不会被认为是别有用心的小人，但是这也有一个缺点，那就是进一步的交往很不容易。通常在这种场合，我们会认识许多人，但不会交往很深，只能是点头之交，我们要用自己的智慧和耐心把点头之交变成至交好友。

3. 我们还可以让别人把我们带进“大人物”的社交圈

这当然要求我们有更广的人际关系网，找到可以提携你的那个人。当然，努力表现自己，获得大人物的欣赏和青睐，也是一种进入他的社交圈的好办法。方法多种多样，关键是看我们如何能够做到以一颗平常心来对待我们的关系，既不要急功近利，也不能低三下四，只有长久地、真心地对待你身边的大人物，才可能和他们维持更好、更持久的关系。

功成名就的大人物当然是我们这些平凡的年轻人不可能轻易靠近的，他们一般都有自己固定的社交圈子，他们接纳一个年轻人的意愿并不高，除非你特别出类拔萃。如果你不是，那么还有一种方式可以让你与他接近，那就是在他遭遇困难的时候帮助他。每个人都会有暂时不方便或者陷入困境的时候，这时候，如果你守在他身边，给他鼓励和帮助，想必会在他的心目中留下一个深刻的印象。一旦他走出困境，是不可能忘记你的。无论是出于“感恩”心态，还是出于“培养接班人”的心态，他都会把你看作是自己人。

年轻人要结交更多优秀的人才，才有机会成为大人物的朋友。这样才能让我们认清自身的不足，加强自己的优势，从而也成为一个优秀人才。一个聪明的年轻人要善于结交优秀人才，成为大人物身边的好友，这不仅有利于你的事业，有利于提高你的交友水平，还会让你日后的工作、婚姻都更加有保障。

由此，年轻人一定要知道，优秀的人才对于你的事业成功能够起到的作用是无法估量的，我们一定要接近更多的优秀人才，这样你才能有更多的选择人生的机会，而不是让人生选择你，你也才能更快地接近自己的梦想。

懂得礼尚往来，为自己编织更大的人脉网络

步入社会的年轻人，在与他人交往的过程中，少不了相互帮助的时候，那么，我们自然要懂得“回礼”的重要性。不要吝啬，你在对他人表示感谢的时候，也就奠定了你们下一次的合作。

年轻人一定要认清与人交往的现实，没有人会平白无故地帮助你，会无缘无故地对你好，没有一种赠予是应该的，也没有一种接受不需要回报。互相结交的两个人，都希望从对方那里得到什么，无论是功利性质的，还是精神方面的。如果你对别人长时间没有帮助，对方对你也没有表示出任何帮助的迹象，你们的友谊就会慢慢地干枯，甚至你们会变成陌生人。

从古至今，社交都是礼尚往来的，无论是先表示出希望别

人帮忙，还是表示出想帮助别人，都是一种友好的交往过程，朋友总是越交往越亲密的。然而最残酷的事实是，许多人既拉不下脸来请求别人帮助，又不甘主动地去帮助别人，于是彼此之间渐行渐远。还有一些人，只期望对方能给自己一些什么，却从来吝于帮助别人，吝于主动付出，于是因为过度地索取却不知感恩，被对方抛弃了。在交往的过程中，想要双方都相处得好，就必须有付出、有索取，这才能够平衡。

从本质上讲，社交是一个互相帮助和感激的过程。交往的双方，往往因为面子的关系，谁也不肯主动去帮助别人，最终不免走向生疏。如果不想关系变得陌生，你就要记得一句话："赠人玫瑰，手有余香。"这句话并不是简单地讲帮助陌生人，在朋友交往中同样有效。"赠人玫瑰，手有余香"是英国的一句谚语，意思是：一件很平凡微小的事情，哪怕如同赠人一枝玫瑰一样微不足道，但它带来的温馨会在赠花人和受花人的心中慢慢升腾、弥漫、覆盖。在交往中，我们就应该这样，主动地为别人提供帮助，哪怕是很微小的一个帮助，都能让你们的感情升温。举手之劳，不但让别人得到帮助，也会增加你以后请求帮助的机会，你的心灵同时也得到一次净化，何乐而不为呢？

年轻人要在他人有需要的时候伸出援助之手，如果你没有伸出自己的友谊之手，那当你需要帮助的时候，就会陷入孤立无援的窘境。这就是自私者的下场，有多少人因为"事不关己，高高挂起”，直到别人侵犯到你的头上时，才奋起反抗，可是为时已晚，因为大家都学会了冷眼旁观。很多时候，命运就是我们头上的压迫者，只有相互帮助，这个世界才不会变得那么冷漠。“交往”的目的就是希望自己将来在某件事情上无能为力的时候，别人能够扶持一把；如果在别人陷入困境时，你无动于衷，别人就会在你陷入窘境时冷眼旁观。

我们在交际中要记住：给予就会被给予，信任就会被信任，爱就会被爱——行为孕育行动，这就是心理学中的互惠关系定律。在他人需要帮助时，不要冷漠地看笑话，而是要伸出援助之手，这样才能在你陷入尴尬的时候，有人愿意帮助你。帮助别人，不仅使彼此交往的两个人关系更加亲近，也能够使帮人的一方精神得到充盈，得到慰藉。

懂得礼尚往来的年轻人，才能够通过与人的交流留住他人的心，才能够为自己编织更大的人脉网络，有人情味的人才会赢得他人的尊重。

始终保持温和的态度，不要随便给自己树敌

年轻人都知道要想在社会中站稳脚跟就不能让自己四处树敌，与其多个敌人，不如多个朋友，这个道理我想年轻人都了解。为此我们就要避免因为自身的原因给自己的生活带来的不

顺心，巧妙地化解误会和仇恨，才能让我们的生活氛围变得融洽。

一个聪明的年轻人与他人相处的过程中总是保持温和的态度、合理的距离，让他人有温暖又不过分亲密的感觉，从不把自己骄傲、强势的一面展现在大家面前。而且总是会面带微笑地要求你的帮助，当麻烦你的时候，他总会感到抱歉，让你不忍心拒绝，即使你再辛苦，也会被他的一个感激的微笑、一个真诚的眼神、一句温暖的话、一杯热咖啡融化掉。聪明的人会用最富有智慧的、幽默诙谐的语言解除你的尴尬，让你感激他；会用自己独特的魅力把整个办公室的气氛调节得融洽而和谐；会把自己的办公桌收拾得整洁而有情趣。

那么，什么样的年轻人容易给自己树敌呢？要知道其真正的原因才能在生活中为自己多找几个朋友。

1. 高傲

高傲的年轻人容易伤害别人的自尊心，高傲的人一般都比较优秀，优秀又不加掩饰，最容易成为众矢之的，处处树敌。高傲的人通常“鼻孔朝天”，不但得罪同事，在上司面前也不会讨巧，不但同事嫉妒他，上司也会认为他自视清高，这样优秀而高傲的人最容易错过良机。所以，越是优秀有才华的人，越要学会随和，学会亲切。

2. 冷漠

冷漠的人表面上看起来并不骄傲，但是他的内心比谁都骄傲，他会笑嘻嘻地和每个人保持一定的距离，看起来很亲切，实际上却是遥不可及。当你走近他时，他会用冷漠、疏离提醒你，从来不向你提及工作以外的事，遇到事情则“事不关己，高高挂起”，和所有的人交往都很谨慎等。这样的人虽然不会闯什么大祸，但是和同事们也不会相处得很好，不会和所有人打成一片，甚至对公司也没有归属感。这样的年轻人不会被领导器重，也不会很快得到升职，所以，人们虽然不敌视他，但对他也没多少好感。

3. 自私、刻薄

自私的人只顾自己的利益，不顾别人的感受，最容易因为利益关系和竞争对手树敌。只要他们稍微顾及一下别人的感受，就能够做一个“不讨人厌的利己主义者”。而刻薄的人通常喜欢以犀利的语言嘲笑或者捉弄别人，重要的是他们喜欢“哪壶不开提哪壶”，所以会到处树敌。《红楼梦》中的王熙凤、林黛玉就是典型的例子，所以，她们两个的人缘都不是很好。

4. 强势

强势的人会让人感到威胁，他们我行我素和不容他人质疑的性格会让许多人受不了。因此，尽管只是工作意见上的不同，他们也会拼命地维护自己的观点，因此和许多人结怨，更不用说产生许多其他方面的争执了。他们让女人感到害怕，让男人感到有压力，让有资历的人感到有威胁。而如果他只是一个微不足道的岗位上的一个小角色，就会受到所有人的封杀，这是最不聪明的做法。

年轻人只有知道了应该注意的地方，才能“化戾气为祥和”，化敌为友，为自己的人脉网再添一笔。一个真正聪明的人会让自己到处都是好朋友，到处都有人愿意帮助他；而一个自以为是的人，才会成为“公敌”，让自己陷入“四面楚歌”的困境，甚至不得不牺牲掉一份本来很好的工作或机会，而且他的“聪明”会让他自己和别人过得都不好，尤其是让自己陷入“两难”的境地。

所以，现在的年轻人一定要改掉自认为高人一等的骄傲和傲气，让自己放松下来。只有你心平气和地接受他人，他人才不会对你竖起那道鸿沟。年轻人要学着融洽处理和周围人的人际关系，让自己在事业上进行得更顺利。

第 10 章

年轻人职场拼杀，要懂得左右逢源

摆正位置，让上司多指点你

年轻人一定要清楚，每个人混职场都有压力，不只是你有，上司也有压力，上司的责任就是提点你，指导你完成工作。如果你做事完美，完全不需要别人的帮助，要上司何用？面对你的完美，上司无法发挥他的指导作用，无法显示他的才干，而你也就不会和进步或改正这类词挂钩，这时候，完美就是你的缺点。而如果你时不时地犯一点小错，或在不懂的地方请示上司，给上司预留发挥的空间，让上司有成就感，即便日后升了职也会被上司骄傲地冠名为“我培养出来的”。这样的下属才能让上司产生骄傲感，也才有提拔的意愿。这样的下属也是懂得感恩的，不要以为你所有的成绩都是自己做出来的，如果离开上司的支持，你会做不下去，更不用说万一上司故意为难你了。

那么，我们怎样才能够给上司留下足够的指导空间呢？

1. 凡事不要自作主张

你可以向领导提出建议，但不能代他下决断。例如，我们在拟好了各种问题的解决方案以后，有必要请上司最后决定选择哪个方案，而不是自作主张，告诉上司，我决定怎样，我觉得哪个方案较好。除非上司也拿不定主意，咨询你的选择，你才可以大胆地说出自己的看法，当然，最终还是要上司敲板。

当然，并不是面对所有的领导都必须这样做，也不是大小事都要请教，不然就会被视为能力差。当你刚刚进入某职场时，确实需要小心谨慎；当你遇到喜欢个人拿主意，一点也不想放权的上司时，也有必要事事请教；当你某方面的能力比你的主管强，而且已经被他知晓时，为了表示你对他的职权的尊重，你也必须勤于请教；最后，如果你的上司是新调过来的，一般喜欢新官上任三把火，为了这把火不烧到你的身上，你也要处处小心，不要自作主张，免得上司以为你自恃资历深，不服从他的调度。

所以，我们要想赢得上司的尊重，就必须有分寸地留给上司指导的空间，让上司行使他决策的权力，而不能自作主张，自以为是。

2. 向上司请教

遇到工作上的困难，要懂得向上司请教，而不要自己解决，因为上司就是为你解决工作中的难题的。有时候，满足一下上司的虚荣心也算剑走偏锋的一招。

有时候，遇到我们左右为难的问题，我们也要请教上司，或者让上司协助解决，尤其是这种问题涉及高级领导，或者其他部门的领导，这时请上司协助不但有利于问题的解决，更会显示出上司人脉的宽广，同时也为上司拓展人脉找到了一个好借口，是有百利而无一害的解决方式。如果我们直接自己解决，就会有越级上报、炫耀自己等嫌疑，上司也会看你不顺眼，你的升职就会遥遥无期了。

例如，你们的方案已经进行到了关键时刻，但有一两个项目需要其他部门的配合，这时你可以向领导汇报，请领导帮忙找人协助，而如果你私下找人协助，别人有没有工作、肯不肯帮助你是一方面，领导也会觉得你跨领域求助，不把他的权威看在眼里，这样即使你完成了这个方案，没有他的任何功劳，他也会觉得郁闷，进而产生危机感。而一个人让上司产生危机感，他的升职路途就遥远了。

3. 犯一些小错误

当然这种错误不能是低级错误，否则就会在上司的心里留下你工作能力差的印象；也不能是造成严重后果的致命错误，否则，你就会变得很被动。我们要犯的就是那种在上司的挽救能力以内，不会给自己和上司带来严重后果，不会给公司利益带来损失的错误。当然原则性的错误更加不能犯。这样，从上司帮你改正错误的过程中，他也会得到满足感。

年轻人一般很骄傲，不喜欢别人对自己的工作指手画脚，但上司就是这样一群人，他的工作，就是对你指手画脚，帮你做决定，协助你解决你觉得困难的工作，更正你的错误，提拔你成才，如果他们做不到这些，他们在公司里也就没有意义了。

所以，我们必须在自己的工作中预留出领导的权力空间，让领导有机会发挥指导的才能，这对我们双方都是有利的。我们一定要明白，每个人在一个位置上，都是有用的，如果我们让别人英雄无用武之地，那么，我们的用武之地也不会很大，所以，不要太能干，给别人留点空间吧。

尊重他人隐私，上司才有可能信任你

作为一个职场人，我们应该尊重任何人的隐私，尤其是上司的隐私。无论是在公事上的小心思，还是私人的事，我们即使清楚，也要学会装糊涂，不要让别有用心的人利用了。

对于上司在公事上的某些小心思，我们可以在私下里讨论，我们可以爱怎么想就怎么想。但是在公众场合，我们必须学会保留上司的体面。如果你对上司作出的某一个决定十分不满意，或者完全不同意他说的某些话，可以去和他私下里讨论，也可以和同事们悄悄地评论，但绝对不要把事情公开化，否则就会使你吃不了兜着走。

例如，在某次管理培训课程中，某个经理告诉培训师，他信奉一种合作性的管理方式。他的一个员工正好站在能听见他说话的范围里，那人回嘴说：“那是当然的了。如果事情发展得好，你就可以把所有的成绩都归功于自己！”这很显然是经理和员工之间的争论内容，但是因为那个下属把这事公开化了，而且在培训师面前提起了这事，这就使那个经理感到十分尴尬。当然结果不用说，我们也能够猜测到，那个多嘴的员工绝对不会有好果子吃的。

把别人的小心思说出来，无论是故意的还是无意的，不仅会让上级提防你，不再信任你，也会让同事对你退避三舍。现在的人都很精明，能够出卖别人的人同样有可能会出卖自己。所以，无论是谁的隐私，谁的小心眼，最好都不要透露，更不要在公共场合说出来。

在私事方面，我们更要管好自己的嘴巴，最好不要乱说。尤其是一个20多岁，刚刚进入职场的人，更不要随便把信任你的上司讲给你的隐私话题讲给女同事们听，即使是你的女朋友。因为女人保守秘密的时间只有72小时，也就是三天。过了这个期限，保守秘密对于她来说就是一种折磨，这绝不是杜撰，是有科学依据的。所以，如果你不想上司的隐私传得天下皆知，就要捂紧自己的嘴巴。尤其是当这件隐私只有你知道时，你更不可以辜负了上司的信任。

一般来说，对于一个下属，上司肯将隐私说给你听，他对你就是绝对地信任了。同时，他也肯定你对他是绝对忠心的。如果属于这种情况，在上司讲隐私的第二天就劝你把这件事当成一个笑话，或者忘掉它，而不要传播出去。如果你只是一个听闻上司隐私的人，就不要在私下里讨论，毕竟你肯定也不喜欢别人私下讨论你的隐私。当然，有一种隐私是欢迎传播的，就是关于上司的喜讯，而这喜讯又和大家的利益相关，这样不伤害他人的隐私欢迎传播。

在公事方面，有一些事我们最好讳言。第一种是上司和其他人的斗争，无论是和下属的还是平级的，还是和更上层的领导的斗争和派系斗争。我们只要静观其变就好，没有必要参与，更没有必要讨论，最好是当它没有发生。如果涉及个人的利益，我们可以私下和上司讨论或者争辩，没有必要公之于众，更不要当众顶撞侮辱上司，除非你不想在公司混下去了。第二种是涉及上级在本公司和其他公司之间的关系，所扮演的角色，没有实质的证据，我们不可以妄自揣测，更不可以宣扬。

在私事方面，也有几件事是需要我们保密，不可以四处宣扬的。第一种是情感上的事，无论是关于上司的家庭婚变，还是婚外恋情，还是其他某种家庭纠纷痛苦，比如，在父母与妻子之间受夹板气，或者惧内等，这些都是个人隐私，既与我们的利益无关，又和公司的利益无冲突，属于个人范畴内的事，我们没有必要制造舆论，也没有必要为谁鸣不平，而是躲得越远越好。第二种是生理上的缺陷或者病症等，包括心理上的疾病，比如，抑郁症、轻微的精神分裂、人格分裂等。我们要尊重别人，不可以随便讨论和曝光。第三种是老板的伤疤不要揭，尤其是上司早年遭遇失败或者在人生中留下的一些污点，如果被我们知道了，我们也不要随便宣扬。毕竟只要是人就不希望旧日的伤疤暴露在众人的面前。

每一个人都避免不了被别人议论隐私，每个人在处理这些事的方法也不尽相同。你可能仇恨议论你隐私的人，但是你不可能对他造成实质性的伤害，因为你的手中没有权柄，所以你可能给他人造成的伤害是有限的。而上司不同，他手中有权力，他完全可以利用手中的权力，报复任何可能议论他隐私的人，这就是我们为什么要特别注意尊重上司的隐私。

事实上，无论如何，我们都不可能完全杜绝上司的隐私被曝光。我们唯一可以做的就是尊重上司的心理距离，不要与上司谈论过于私密的事。

我们要学着更加成熟，更加尊重别人的隐私，不要逾越任何人，尤其是上司的心理底线，这才是一个聪明成熟的职场人士应该把握的与上司相处的分寸。尊重他的隐私，尊重他的心思。“他也许不够好，但他是你的上司”，只要记住这句话，我们的职场生涯就会相对好过些。

尊重每个人，不要看不起职位低的人

我们经常听一些人说“某某整天不做事，只顾着和别人聊天玩笑，他的位子就是个虚衔，既没有事做，也没有职权”等。如果我们因此就小看他，那你就错了，办公室里永远没有虚衔。那些职位低的人，不一定权限也小，通常重要职位上的小助手拥有的权限比下一级领导的权限还大，是我们得罪不起的人物。

办公室里没有虚衔，只要有一个职位，这个人就有一定的权限，而大领导身边的小助手、小秘书，别看职位不显眼，但他们也承担着重要的工作。我们千万不可因为他们只是一个小秘书就看不起他们，甚至得罪他们。

他们的事务虽然只是帮高级领导们沏茶、倒水、订餐、安排行程、打印文件等，但是助手或者秘书几乎是和领导们接触时间最长、最清楚领导性格的人，虽然领导不会让他们直接参与人员的去留、方案的策划，他们的薪金也不会与业务直接挂钩，但是每一个人的升职，领导们几乎都会下意识地问旁边人的意见。如果这些小秘书们只要开玩笑地把你的事讲给领导听，你就会给领导留下一个好或不好的间接印象。而这些印象就会在升职加薪的关键时刻毁掉你或者帮到你。所以，别看他们职位小，他们的影响力却是不容小觑的。

还有一些单位，助手或者秘书会帮助领导处理具体的事务。或做好决策后，请领导批准；或在领导不在的情况下，有处理紧急事务的权力。对于这样的助手，领导一旦升职或者离开后，最熟悉这个岗位上的一切事务的，非助理、秘书莫属，他们很可能就会升职，坐上领导职位。当然，这是官场上的习惯，不过也有公司会这样做，让经理助理升职为经理。如果这样的话，你别看他今天只是一个小助理，其实潜力大得很。他不但能间接地影响到你的职场生涯，也许有朝一日，你还要尊称一声“头”，那时，他就可以直接决定你的职场命运了。

还有一些人本职工作上的事虽然做得不好，但是他有一些特殊才能，使整个部门的人都能够快乐积极地为公司工作，并为工作感到真心的愉快。这个人也许会一些激励手段，也许特别有激情，也许他的快乐可以感染很多人。这样的人也许并不是待在某个特别显眼的位置上，却是这个部门不可或缺的人。如果你得罪了这个人，就不仅是得罪了你的上司，而是得罪了整个部门的人。

某些负责上达下传的人也很重要，你的工作必须要经过他才可能传到上司那里，上司的意见也会通过他表述出来。他通常是这个部门的二把手，重要的决策不是他做的，具体工作他也不负责，本来他的职位可有可无，但是一些得罪下属的事要求他去处理，一些上司的失误要求他来背黑锅，所以，他不但是这个部门不可或缺的人，还是老板的“心腹”。如果他对你心怀不满，你的意见就会被上司无意地忽视，你的工作就总是漏洞百出，势必你的麻烦就会增多。

总之，公司里一般没有一个人是吃闲饭的，也没有一个人的位置是没有职权的。职场上没有所谓的有名无实的职位，也没有名头大、权力小的职位。

所以，无论一个人的职位如何小，能力如何平庸，只要他在这个位置上，就是合理的。只要是同事，我们就不应该小瞧，更不能随随便便地得罪一个人。如果一个人指使你为他做事，无论他的职位是不是比你小，他的能力是不是比你差，只要他命令了，他大概就是有资格的。毕竟每一个人都清楚自己的分量，不会随便使唤人，也不会随便得罪人。

我们一定要清楚这一点，一个人的权力大小，并不都是根据职位来确定的，也不都是根据他为公司作出的贡献来确定的。有时是根据他所在位置的重要性，有时是根据他的作用大小，有时是根据他和高级领导们的关系。所以，不要看不起职位低的人，只有这样，我们才能左右逢源，在职场上过得如鱼得水。

保持冷静，在职场中不要卷入权力之争

职场如战场，由于经验不足，年轻人在刚步入职场时要尽量避免参与办公室内的“战争”。年轻人在进入职场后都有比较高的心气，想着升职，想着成功，但是我们一定要避免急于求成，让自己过早地卷入办公室的权力之争。尤其在还不明白对方的实力，同时上司也没有明确地表示或暗示之时，我们更不宜卷入权力的战争。

年轻人要清楚，在权力之争中从来没有真正的胜利者，最终得利的永远是上司和公司，只有很小的利益属于我们本人，而这对你以后在职场上的发展不一定有多大的好处。那么，怎样才能避免过早地卷入权力战争呢?

1. 保持低调

如果你在学历、能力、人脉或者其他方面比起同事来有优势，最好不要显露出来，更不能一副高高在上的姿态。否则，

这些优越性，就会在你不知不觉间树立敌人。德国有这样一句谚语：“最纯粹的快乐，是我们从别人的麻烦中所得到的快乐。”是的，很多人，甚至包括我们自己在内，从别人的麻烦中得到的快乐，可能远比从自己的胜利中得到的快乐大得多。这是人类本身的劣根性，而且是难以改变的劣根性。

相对来说，“最纯粹的痛苦，也就是从别人的炫耀中，意识到自己无能的痛苦。”所以无论是快乐还是痛苦，都来自比较，如果我们处处显示自己高人一等，就会引起公愤。这样我们很轻易地就会陷入与周围同事的战争中，更不用说，如果前面还有一个让人受益的职位等着我们。

在交往的世界里，人与人之间应该是平等和互惠的，所以那些谦让而豁达的人总能赢得更多的朋友，而那些妄自尊大、高看自己、小看别人的人总会引起别人的反感，最终在交往中使自己走到孤立无援的地步，让别人都敬而远之，甚至厌而远之。所以，无论我们有着怎样的优势，都要学会韬光养晦，不要让人感到狂妄，否则就会失去你在同事间的威信和信任，得不到同事的认可，甚至在办公室树立很多的敌人。

2. 切记不可急于求成

年轻人刚刚走入职场，对职场的法则还不是太了解。在我们看来，努力把自己最优秀的一切都展现出来是应该的。我们认为职场的成功就是要努力工作，要为公司做出最大的贡献，刚进入职场，我们的确有必要表现自己，但必须有分寸，太过锋芒毕露反而会给同事和领导留下激进的印象。如果你凡事都要先发制人，还动不动就来个“抢跑”，就会使自己处于竞争中的不利地位。主要原因是：过早地卷入竞争，就会过早地暴露自己的实力，同时也会显露出自己的缺陷，以致在竞争中处于被动境地。而且锋芒尽露的你很可能会因为升迁之争的淘汰制而提早出局。

所以，不妨暂时隐藏你的锋芒，来个后发制人。这样做的好处有三方面：

（1）适当地放低姿态，以谦卑的态度向职场上的前辈学习，我们不会过早地树敌。敌意之所以出现，就在于我们太优秀。在交往中，任何人都希望得到别人的肯定，都在不自觉地强烈地维护着自己的形象和尊严，如果我们表现得过于优秀，那么无形之中是对别人自尊和自信的一种挑战与轻视，别人的敌意也就不自觉地产生了。如果我们不让别人感觉到我们对于他们的职位的威胁，我们自己也就少了很多压力，同时也就少了很多把你当作竞争对手的人。这样你的工作才好做，你才能顺利地进步和积累经验。

（2）如果我们一开始就将自己的所学全部表现出来，人们在一开始就会对我们形成起点高、能力强的看法，而如果我们在以后的工作中不能如人们所愿地表现出自己的超强能力，同事们包括上司就会对你产生失望的感觉。所以，我们应该适当地保存实力，这样我们今后如果有进步和发展，才会让人看得清楚，才会让上司和同事觉得你有无穷的发展潜力，你的升职是理所当然的，也是阻挡不住的，这样对你的升职才有帮助。

（3）我们刚刚进入职场，即使能力非常好，我们同样还是缺乏做事经验的。所以，我们的当务之急就是给自己足够的时间积累资本，打牢根基，争取“厚积薄发，一鸣惊人”，而不是急于做“出头鸟”，成为众矢之的。刚刚进入职场的年轻人会看到形形色色的办公室战争，如果我们不想在这个没有硝烟的战场上一败涂地，就不要过早地卷入权力的战争中，以免因经验不够丰富或者实力不够强大而惨遭淘汰。我们要学会在竞争中保持冷静，对比自己与对手的优势和不足，冷眼旁观，后发先至，才可能在竞争中出人意料地获胜，这就是“职场黑马”的修炼秘诀。

年轻人要学会在办公室竞争中控制自己，用冷静的态度让自己看清没有硝烟的战争。年轻人要从这些战争中慢慢地成熟起来，而不是一味地争强好胜。只有忍得下一时之气，才能在未来的跑道上取得胜利。

团结同事，也要保持适当距离

职场中很少有人能单枪匹马地打拼就获得成功，更没有人能够在众敌环绕的情况下突出重围。面对竞争越来越激烈的职场，每个人的成功都需要上司的提携、同事的帮助，大家一起合作才能把事情做好，才有升职加薪的可能。年轻人在职场中一定要与同事保持安全的距离，既不能太近，又不能太疏远，合适的距离才能让你在左右逢源的同时，躲避同事的暗箭。

在职场上，表里不一是太正常的事了，我们没有必要因此而感到伤心难过，只要警觉戒备这样的人就可以了。当然更没有必要非要和他们较真儿，揭露他们伪君子的真面目，否则，他们会恼羞成怒，那你就不好过了。年轻人要掌握在职场上和上司、同事相处的技巧，才能让别人心甘情愿地帮助你。我们是率性的、热情的，不习惯委婉和含蓄，脑子里更没有那么多弯弯绕。然而“害人之心不可有，防人之心不可无”，为了避免我们受到伤害，还是了解一些职场上的规则比较好。

1. 不要树敌

年轻人在竞争中因为利益关系而产生的矛盾，根本不可能避免，要知道利益矛盾就是职场上的根本矛盾，除非你不打算竞争，否则矛盾就少不了。怎样处理这种矛盾呢？如果你不打算竞争，或者是目前的实力还不够，为了避免树敌，那么就要选择主动退出，山不转水转，日后你还可能成为他的下属，为什么要因为根本得不到的东西而得罪人呢？若一个人处处不肯吃亏，处处想占便宜，于是骄心日盛，迟早会落入四面楚歌之中，就算你爬到了顶峰，也是失败的。

如果你和对手势均力敌，你的能力、人脉和他不分上下，那就要注意公平竞争。任何时候，情分不能践踏，不能侮辱别人的人格、能力，更不能用诡计取胜。若你日后胜出了，要主动请大家吃饭，给予别人关照，尽量抚平因竞争引起的不快。如果日后有人不服，也要尽量地和他们交流，通过帮助他们来进行合作，不要因为别人的不合作而毁掉了你的前程。要知道，一个单位最怕上司与下属不能合作，尤其是年轻人担当领导，别人未免不服气，既不能纵容他们，也不能对他们施威施压，更不能要求领导出面调停，一定要运用自己的智慧，让大家心服口服。

如果你失败了，也要大方地祝贺你的对手，为对手叫好喝彩，尽量不要因此产生不快，最终结为死仇。为对手叫好是一种智慧，是一种谋略，能做到放低姿态为对手叫好的人，在做人做事上才算是成功。年轻人最容易因为一时的好胜心强而和对手结仇，事后不服输，总是宣扬别人是以阴谋取胜，由于对立的立场最终结为死仇。这是最不理智的，即使别人因为耍手段胜出了，也要理解为“存在即合理”，更何况没有证据就不要随便宣扬，输得起也是一种本事。

2. 对付小人要有自己的方法

有些人是领导面前的“红人”，但是却当着领导一面，背着领导一面。对于这种人，最聪明的办法就是吸收他们的过人之处，与他们推心置腹地交流、沟通。当然推心置腹并不是口无遮拦地与他们做朋友，而是要取得对方的认同和信任，同时保持距离，不出卖自己。

3. 避免同事间的非利益竞争

不要太骄傲，太爱炫耀自己；不要做漂亮的孔雀，总炫耀自己的过人之处；不要总是一副高高在上、不屑与别人交往的样子，亲切的年轻人更招人喜欢。

4. 拉近同事间的关系

和上司、同事的亲近关系要从日常做起，否则，突然亲近会让别人觉得你别有所图。刚刚进入职场的年轻人其实有很多机会去亲近同事：遇到不能解决的问题就去请教同事；别人给予你帮助之后，答谢别人，一来一往就多了和别人的接触机会，接触机会多了，想拉近关系自然就容易了很多。比如，下班时间请别人吃饭、娱乐；记住某个人的生日或者特别的日子，送上一份祝福和关怀。这些都可以有效拉近自己和同事之间的距离。

至于和上司拉近关系，那也很容易，最好要从公事开始发展。最初的时候，不妨尝试多汇报工作进度和自己的想法，向上司讨教更好的处理方法。然后慢慢地聊一些兴趣爱好、娱乐方面的事情，最后才能发展私交。要注意的是，和异性上司交往的时候，要注意保持距离，不要让别人产生误解，也不要让上司产生非分之想，尤其当他（她）有家庭的时候。和上司要做朋友，不要做知己，不要打听他（她）的私事，更不要参与他（她）的家庭纠纷。

只要年轻人行得正，走得直，不贪功，被同事陷害的机会就会大幅减少。年轻人一定要学会轻松地游走在上司与同事之间，才能做到让人羡慕但不嫉妒，做到靠交际和情商而取胜。但最重要的就是要和上司、同事保持适当的距离，不能太近。左右逢源，才能事事顺畅。

参考文献

[1]李尚龙.你的努力，要配得上你的野心[M].北京：北京联合出版社有限责任公司，2018.

[2]景天.别在吃苦的年纪选择安逸[M].南昌：江西教育出版社有限责任公司,2016.

[3]殷志诚.总有一个梦想我们愿意付出一生[M].青岛：青岛出版社有限公司，2013.

[4]采铜.精进：如何成为一个很厉害的人[M].南京：江苏凤凰文艺出版社，2019.